Anke Ganzer

Physikalische Versuche aus dem Alltag

Experimente mit einfachen Mitteln
6.–10. Klasse

Anke Ganzer ist Haupt- und Realschullehrerin für Mathematik und Physik und führt Fortbildungen für Lehrkräfte im Fach Physik durch.

Wir verwenden in unseren Werken eine genderneutrale Sprache, damit sich alle gleichermaßen angesprochen fühlen. Wenn keine neutrale Formulierung möglich ist, nennen wir die weibliche und die männliche Form. In Fällen, in denen wir aufgrund einer besseren Lesbarkeit nur ein Geschlecht nennen können, achten wir darauf, den unterschiedlichen Geschlechtsidentitäten gleichermaßen gerecht zu werden.

2. Auflage 2025

AAP Lehrerwelt GmbH
Veritaskai 3
21079 Hamburg
Telefon: +49 (0) 40325083-040
E-Mail: info@lehrerwelt.de
Geschäftsführung: Andrea Fischer, Sandra Saghbazarian
USt-ID: DE 173 77 61 42
Register: AG Hamburg HRB/126335

Autorschaft: Anke Ganzer
Covergestaltung: TSA&B Werbeagentur GmbH, Hamburg
Illustrationen: Roman Lechner, MouseDesign Medien AG, Zeven
Satz: DTP Studio Koch, Oberweißbach
Druck und Bindung: SDK Systemdruck GmbH, Köln

ISBN/Bestellnummer: 978-3-403-23465-4
www.persen.de

Einführung

Die Physik ist eine grundlegende Naturwissenschaft, die sich mit der Untersuchung des Aufbaus, der Eigenschaften und der Bewegung im Bereich der unbelebten Materie sowie den dadurch hervorgerufenen Kräften und deren Wechselwirkungen beschäftigt.
Das Experiment bildet eine bedeutende Grundlage physikalischer Erkenntnisgewinnung. Für die Erklärung eines in der Natur beobachteten Ereignisses wird zunächst eine Hypothese aufgestellt. In einem genau geplanten Versuch wird das in der Natur beobachtete Ereignis nachvollzogen und durch die exakte Messung bestimmter physikalischer Größen dokumentiert. Werden die Messwerte systematisch mithilfe der Methoden der Mathematik geordnet und ausgewertet, lassen sich vermutete Zusammenhänge bestätigen oder allgemeingültige physikalische Gesetze formulieren. Falls sich die Hypothese in dem Versuch nicht bestätigt, muss sie verworfen und eine neue Hypothese aufgestellt und überprüft werden. Durch diese Arbeitsweise wird erreicht, dass die physikalischen Gesetze und Theorien die Wirklichkeit möglichst genau abbilden.

Das vorliegende Buch „Physikalische Versuche aus dem Alltag" enthält Arbeitsblätter für die Sekundarstufe I. Zu sieben verschiedenen Themen werden je drei Versuche mit unterschiedlichem Schwierigkeitsgrad beschrieben. Sie dienen der Vorbereitung, Durchführung und Auswertung von Schülerexperimenten, die den Schülern den Weg der Erkenntnisgewinnung in der Physik nahebringen.

Schwierigkeitsgrad: ✶ = leicht ✶✶ = mittel ✶✶✶ = anspruchsvoll

(E) = Einzelarbeit (P) = Partnerarbeit

= geschätzte Dauer des Versuchs

Die im Buch enthaltenen Regeln des Experimentierens im Physikunterricht sollten vor Durchführung der Versuche mit den Schülern besprochen werden. Auch die Übersichten der Experimentier- und Messgeräte dienen der Vorbereitung auf das Experimentieren. Eine Erläuterung der physikalischen Größen und Einheiten sowie die Auswertung von Diagrammen erleichtern den Schülern den Umgang mit Messwerten.

Für einen großen Teil der Experimente werden alltägliche Gegenstände benötigt. Sie können von den Schülern entweder im Unterricht, in Physikprojekten oder auch zu Hause durchgeführt werden. Die an alle Versuche angeschlossenen Aufgaben verknüpfen die bearbeiteten Aufgabenstellungen mit dem Alltag der Schülerinnen und Schüler z. B. durch das Hinterfragen von Alltagsphänomenen, die Berechnung physikalischer Größen in alltäglichen Beispielen oder die Untersuchung von Darstellungen physikalischer Sachverhalte in den Medien.

Durch erstaunliche physikalische Beobachtungen einerseits und unkompliziertes Auswerten von Messreihen andererseits haben die Schüler die Möglichkeit, mit Spaß und Freude physikalische Zusammenhänge zu entdecken.

Auf den Seiten 6 und 7 finden Sie eine Übersicht von Experimentier- und Messgeräten, die Ihren Schülerinnen und Schülern als allgemeine Übersicht dienen soll. Sie ist nicht speziell auf die in diesem Band beschriebenen Experimente bezogen.

Ich möchte mich bei meinen Kolleginnen Frau Heidi Gröbe und Frau Britta Lietze bedanken, die mir jederzeit beratend zur Seite standen.

Allgemeine Regeln

1. Bereite dich auf jedes Experiment gründlich vor. Das vorherige Durchdenken der einzelnen Experimentierschritte wird dir bei der Durchführung helfen, genauer zu beobachten, exakter zu messen oder zielstrebiger Erkenntnisse zu erlangen.
2. Alle Experimentiergeräte und Messgeräte sind sorgfältig zu behandeln.
3. Baue die Experimentieranordnung standfest auf.
4. Die Experimentieranordnung, insbesondere bei einem elektrischen Versuch, darf erst nach Abnahme durch einen Lehrer benutzt werden.
5. Kontrolliere vor der Durchführung des Versuchs, ob alle Geräte unbeschadet sind. Solltest du Beschädigungen oder Unregelmäßigkeiten feststellen, teile sie sofort unaufgefordert dem Lehrer mit.
6. Vermeide Beschädigungen durch Stöße und den Kontakt mit Wärme- oder Spannungsquellen.
7. Führe alle Messungen sorgfältig und genau durch.
8. Wähle insbesondere bei der Messung elektrischer Größen einen zweckmäßigen Messbereich. Schalte dazu von dem größten schrittweise in einen kleineren Messbereich herunter, bis der Zeigerausschlag sich im letzten Drittel der Skala des Messgerätes befindet.
9. Achte bei der Wahl eines Federkraftmessers auf den richtigen Messbereich. Vermeide eine Überdehnung der Feder.
10. Halte das Thermometer bei der Messung der Temperatur einer Flüssigkeit auf einer Heizplatte in die Mitte des Topfes. Lass die verwendete Heizplatte vor dem Wegräumen erst abkühlen.
11. Verlasse den Experimentierplatz aufgeräumt.

Regeln für das Experimentieren mit einem Partner

1. Besprecht die Vorgehensweise und teilt die Aufgaben (Messen, Notieren der Messergebnisse usw.) untereinander auf.
2. Arbeitet leise und vermeidet Störungen anderer Gruppen.
3. Diskutiert die Ergebnisse des Experiments und arbeitet bei der Auswertung zusammen. Wenn ihr Probleme oder Fragen habt, versucht sie erst gemeinsam zu lösen.
4. Bittet erst dann den Lehrer um Hilfe, wenn ihr in der Gruppe nicht weiter kommt.

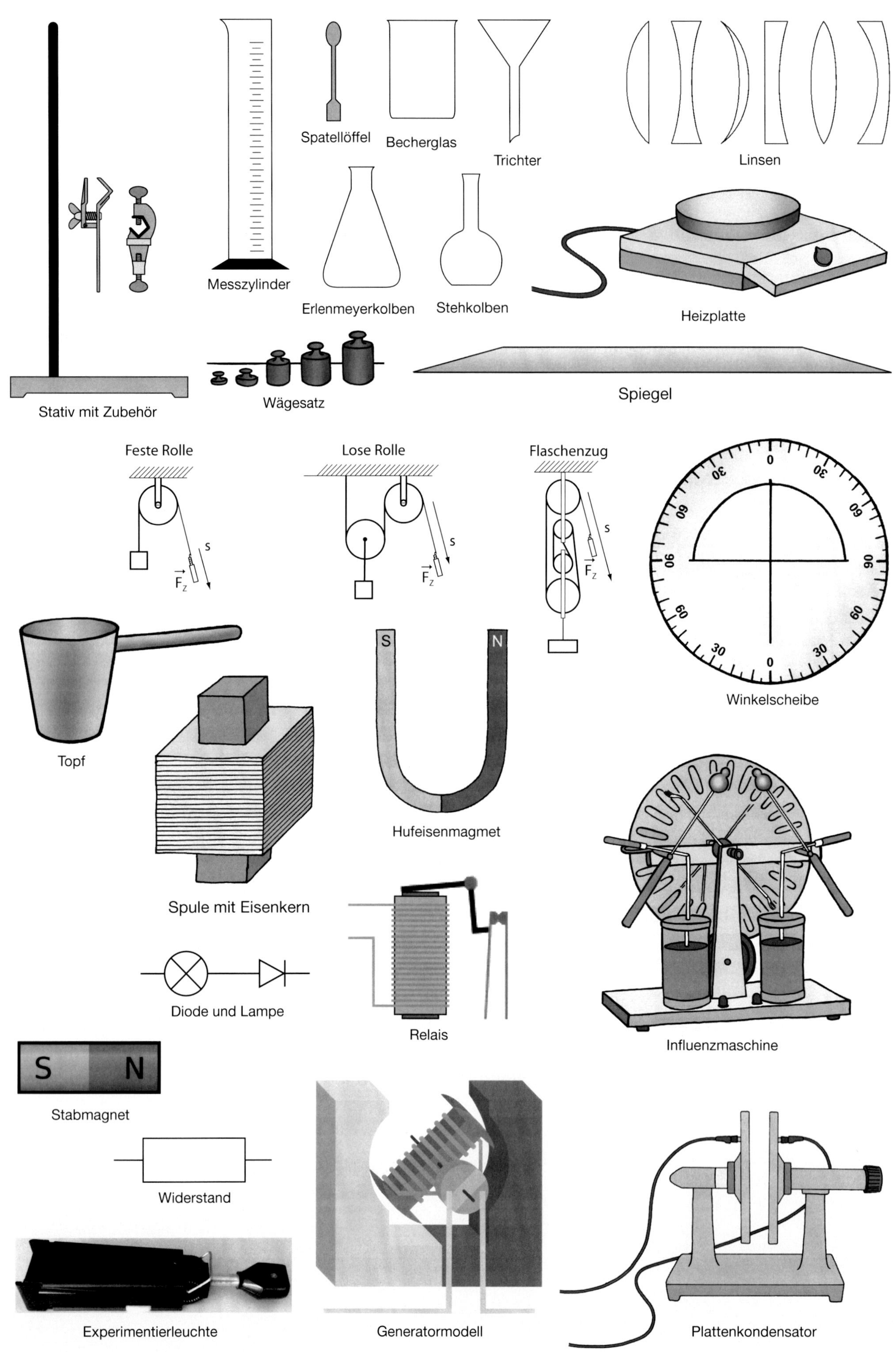
Stativ mit Zubehör
Messzylinder
Spatellöffel
Becherglas
Trichter
Linsen
Erlenmeyerkolben
Stehkolben
Heizplatte
Wägesatz
Spiegel
Feste Rolle
Lose Rolle
Flaschenzug
s
$\vec{F}_z$
0
30
60
90
Winkelscheibe
Topf
S
N
Hufeisenmagmet
Spule mit Eisenkern
Relais
Influenzmaschine
Diode und Lampe
Stabmagnet
Widerstand
Experimentierleuchte
Generatormodell
Plattenkondensator

Beschrifte folgende Messgeräte.

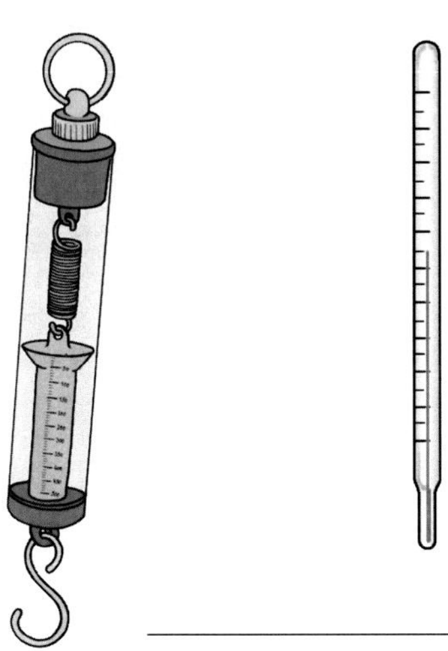

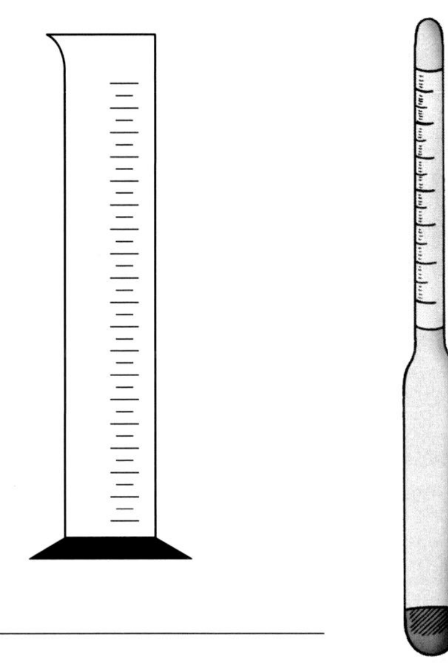

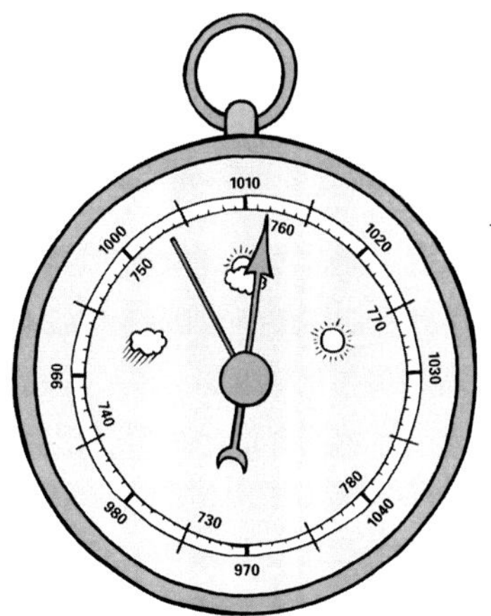

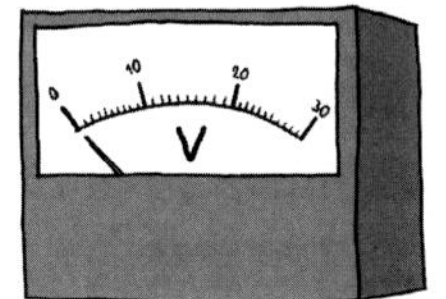

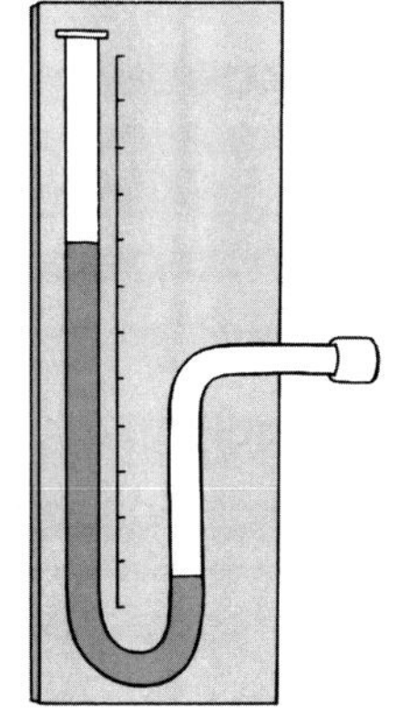

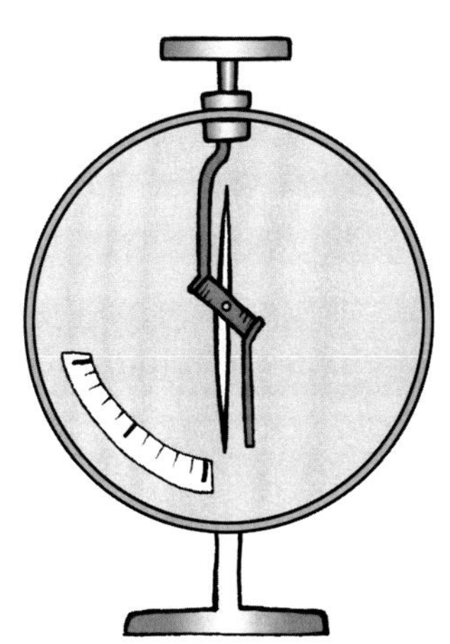

Aufgabe 1

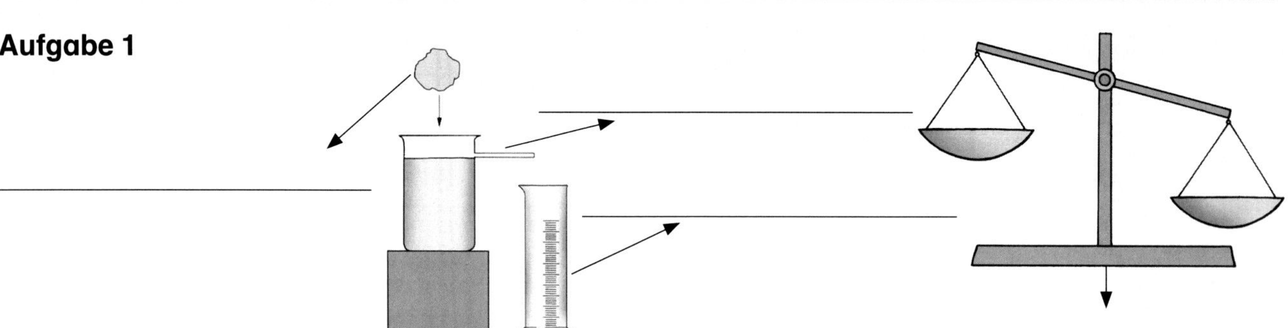

a) Benenne die einzelnen Teile des Versuchsaufbaus.
b) Wie nennt man die Messmethode und welche physikalischen Größen kann man damit bestimmen?

c) Welche physikalische Größe lässt sich mit diesen Messwerten berechnen? Nenne die Gleichung zur Berechnung.

Aufgabe 2

a)

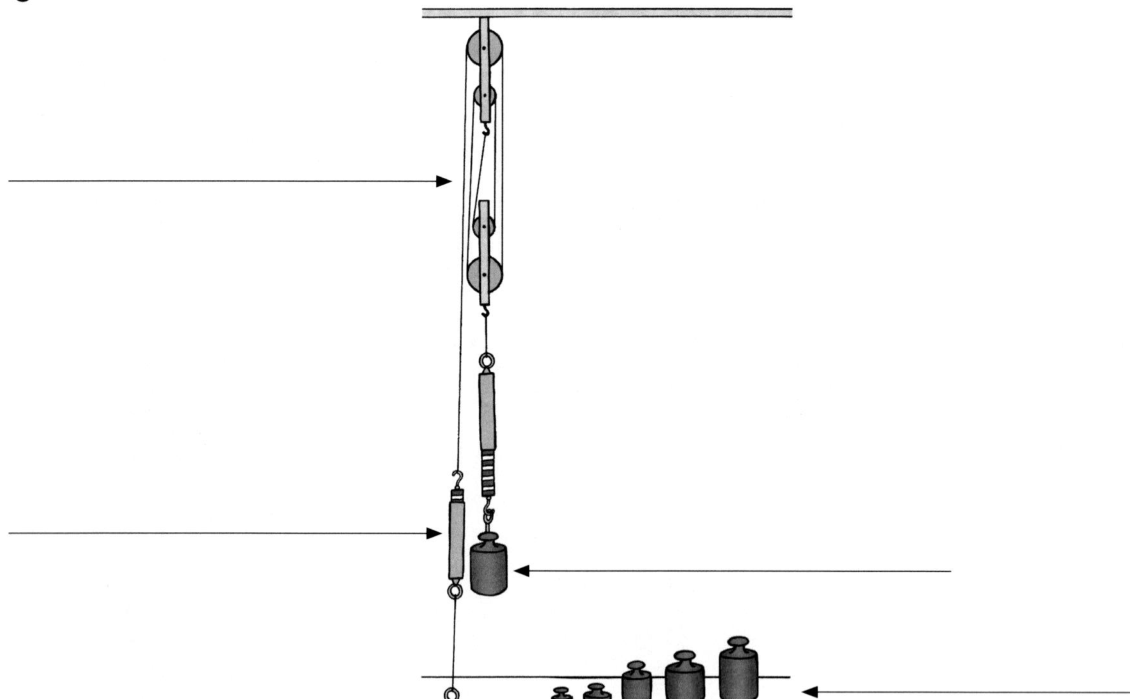

b) Benenne die einzelnen Teile des Versuchsaufbaus.
c) Welche kraftumformenden Einrichtungen kennst du noch?

d) Wie lautet die Goldene Regel der Mechanik?

Übersicht über physikalische Größen und ihre Einheiten

Physikalische Größen beschreiben messbare Eigenschaften von Körpern, Vorgängen oder Zuständen. Die physikalischen Größen werden als Produkt eines Zahlenwertes und einer Einheit angegeben.

Es werden in der Physik die Basisgrößen von den abgeleiteten Größen unterschieden. Im Teilgebiet der Mechanik sind die Basisgrößen beispielsweise die Länge, die Zeit und die Masse. Die Geschwindigkeit ist eine vom Weg und der Zeit, also den Basisgrößen abgeleitete Größe. Entsprechend unterscheidet man die Basiseinheiten von den abgeleiteten Einheiten.

Die Basiseinheiten wurden in dem Internationalen Einheitensystem (Système international d'unités – abgekürzt in allen Sprachen: SI-Einheiten) festgelegt und sind folgende:

Basisgröße	Formelzeichen	Basiseinheit	Abkürzung
Länge	s	der Meter	m
Zeit	t	die Sekunde	s
Masse	m	das Kilogramm	kg
Elektrische Stromstärke	I	das Ampere	A
Temperatur	T	das Kelvin	K
Stoffmenge	n	das Mol	mol
Lichtstärke	I_V	die Candela	cd

Im Physikunterricht häufig genutzte abgeleitete physikalischen Größen und entsprechende Einheiten sind:

abgeleitete Größe	Formelzeichen	Einheit	Abkürzung
Volumen	V	Kubikmeter, Liter	m^3, l
Dichte	ρ	Gramm pro Kubikzentimeter	$\frac{g}{cm^3}$
Geschwindigkeit	v	Meter pro Sekunde	$\frac{m}{s}$
Beschleunigung	a	Meter pro Quadratsekunde	$\frac{m}{s^2}$
Kraft	F	Newton	N
Arbeit	W	Newtonmeter	Nm
Energie	E	Joule	J
Leistung	P	Watt	W
Wirkungsgrad	η	wird in Prozent angegeben	%
Spannung	U	Volt	V
Elektrischer Widerstand	R	Ohm	Ω
Schwingungsdauer	T	Sekunde	s
Wellenlänge	λ	Meter	m

Übersicht über physikalische Größen und ihre Einheiten

Sind bei den physikalischen Größen die Zahlenwerte unpraktisch groß oder klein, werden von den Einheiten Vielfache oder Teile gebildet und dies durch folgende Vorsätze gekennzeichnet.

Vorsatz	Symbol	Wert	Vorsatz	Symbol	Wert
Deka	d	10^1	Dezi	d	10^{-1}
Hekto	h	10^2	Zenti	c	10^{-2}
Kilo	k	10^3	Milli	m	10^{-3}
Mega	M	10^6	Mikro	μ	10^{-6}
Giga	G	10^9	Nano	n	10^{-9}
Tera	T	10^{12}	Piko	p	10^{-12}
Peta	P	10^{15}	Femto	f	10^{-15}

Häufig werden zur Berechnung physikalischer Größen Größengleichungen angegeben, zum Beispiel $v = \frac{s}{t}$ (Geschwindigkeit = Weg/Zeit). Die in der Größengleichung enthaltenen physikalischen Größen stehen für das Produkt des Zahlenwertes und ihrer Einheit (unabhängig von der Wahl der Einheit). Häufig sind für physikalische Größen ganz bestimmte Einheiten vorgeschrieben, sodass die Einheiten umgerechnet werden müssen.

Einerseits kann die Umrechnung zusammengesetzter Einheiten auf die Umrechnung mit den Vorsätzen zurückgeführt werden, z. B.:

Einheit der Geschwindigkeit: $1 \frac{km}{h} = 1 \frac{1000 \text{ m}}{3600 \text{ s}} = \frac{1}{3,6} \frac{m}{s}$

Umgekehrt gilt: $1 \frac{m}{s} = 3,6 \frac{km}{h}$

Einheit der Dichte: $1 \frac{kg}{m^3} = 1 \frac{1000 \text{ g}}{1000000 \text{ cm}^3} = \frac{1}{1000} \frac{g}{cm^3}$

Umgekehrt gilt: $1 \frac{g}{cm^3} = 1000 \frac{kg}{m^3}$

Andererseits wurden für einige zusammengesetzte Einheiten neue Einheiten definiert, zum Beispiel:

Einheit der Kraft: $1 \text{ N} = 1 \frac{kg \cdot m}{s^2}$

Einheit der Arbeit: $1 \text{ J} = 1 \text{ Nm}$

Einheit der Leistung: $1 \text{ W} = 1 \frac{Nm}{s}$

Einheit des Drucks: $1 \text{ Pa} = 1 \frac{N}{m^2}$

Einheit des elektrischen Widerstands: $1\ \Omega = 1 \frac{V}{A}$

Betrachtet man bei Berechnungen die Einheiten getrennt von den Zahlenwerten, so erreicht man eine bessere Übersichtlichkeit und erkennt leicht die neuen Einheiten, die aus den zusammengesetzten Einheiten gebildet werden.

1. **Setze folgende Einheiten und Formelzeichen in die Tabelle ein. Ergänze die Messgeräte und die physikalischen Größen.**

ΔT	mol
N	W
K	F
n	P

Physikalische Größe	Formelzeichen	Einheit	Messgerät / Berechnungsformel

2. **Kennzeichne in der Tabelle die Basiseinheiten nach dem SI-Einheitensystem. Nenne die fehlenden Basiseinheiten und die dazugehörigen physikalischen Größen.**

____

____

____

____

3. **Rechne mithilfe der Einheitenvorsätze um.**

a) 350 kW = __________ W
b) 0,75 MJ = __________ J
c) 1,25 hl = __________ l
d) 500 μm = __________ m
e) 200 mg = __________ g
f) 680 mol = __________ kmol
g) 650 A = __________ mA
h) 4500 V = __________ kV
i) 25500 N = __________ MN
j) 0,008 F = __________ pF
k) 0,2 l = __________ ml
l) 0,05 m = __________ dm

4. **Verbinde die passenden Einheiten.**

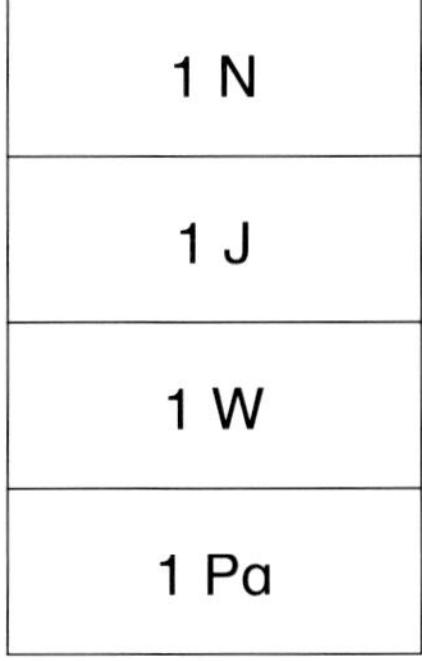

1 N
1 J
1 W
1 Pa

1 Nm
$1 \frac{kg \cdot m}{s^2}$
$1 \frac{N}{m^2}$
$1 \frac{J}{s}$
$1 \frac{kg \cdot m^2}{s^2}$

5. Leite die Einheit Newton aus der Formel F = m · a her.

____

____

6. Vervollständige den Lückentext.

Physikalische Größen beschreiben ____________ Eigenschaften von ____________, Vorgängen oder ____________. Sie werden als Produkt aus einem ____________ und einer ____________ angegeben. Im Internationalen Einheitensystem werden ____________ Basiseinheiten festgelegt. Alle anderen Einheiten lassen sich aus ihnen herleiten, sie heißen ____________ Einheiten.

7. Welche physikalische Größe bin ich?

Ich gebe an, wie schnell sich die Geschwindigkeit eines Körpers ändert.

a) ____________

Ich gebe an, welche Kraft erforderlich ist, um einen Körper auf einer Kreisbahn zu halten.

b) ____________

Ich gebe die Zeit an, die ein Körper für eine vollständige Schwingung benötigt.

c) ____________

Ich gebe an, wie viele Ladungsträger sich in einer Sekunde durch den Querschnitt eines Leiters bewegen.

d) ____________

Ich bin ein Verhältnis aus genutzter und zugeführter Energie.

e) ____________

8. Bestimme für die in Aufgabe 7 gesuchten physikalischen Größen das Formelzeichen und die Einheit.

	Physikalische Größe	Formelzeichen	Einheit
a)			
b)			
c)			
d)			
e)			

Tipp:

Nutze ein Tafelwerk

In einigen Experimenten werden die Zusammenhänge zwischen physikalischen Größen untersucht. Dabei wird die Abhängigkeit einer physikalischen Größe y von einer physikalischen Größe x festgestellt. Die Auswertung der in einer Tabelle erfassten Messwerte kann dann rechnerisch oder grafisch in einem Diagramm erfolgen. Beide Darstellungen lassen wichtige Abhängigkeiten erkennen.

Folgende Übersicht stellt die wesentlichen erkennbaren Zusammenhänge zweiter Größen in einem Diagramm grundsätzlich dar.

1. Direkte Proportionalität

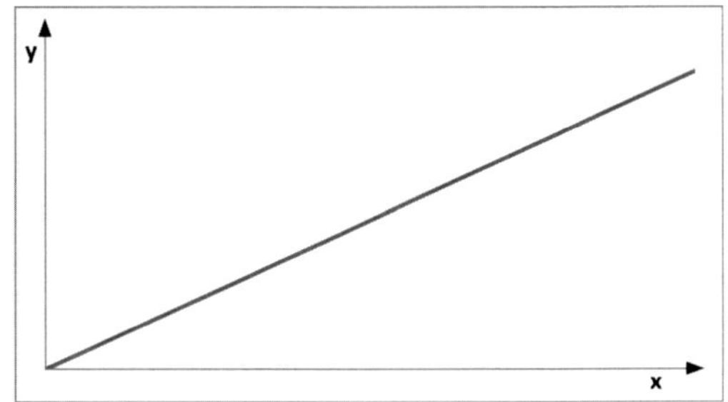

Es gilt Quotientengleichheit: $\frac{y}{x}$ = konstant

Schreibweise: $y \sim x$

Der Graph ist eine Gerade.

2. Indirekte Proportionalität

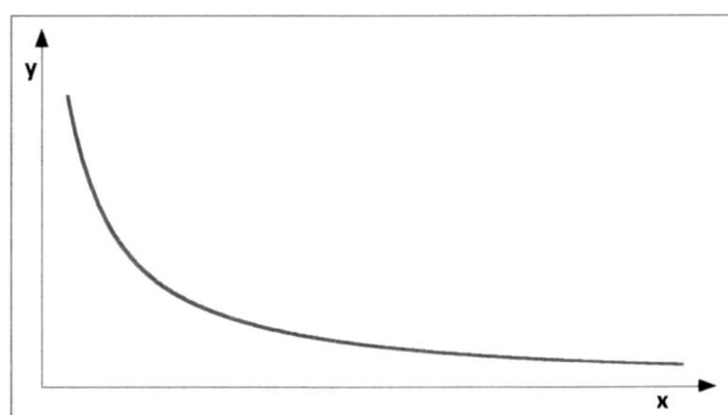

Es gilt Produktgleichheit: $y \cdot x$ = konstant

Schreibweise: $y \sim \frac{1}{x}$

Der Graph ist eine Hyperbel.

3. Quadratischer Zusammenhang

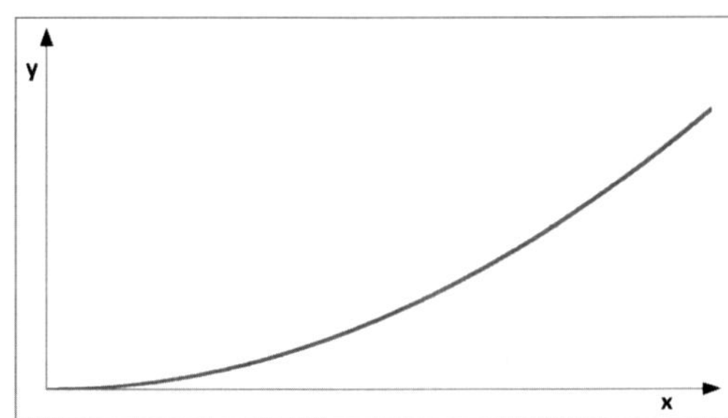

Es gilt: $\frac{y}{x^2}$ = konstant

Schreibweise: $y \sim x^2$

Der Graph ist eine Parabel.

4. Zusammenhang

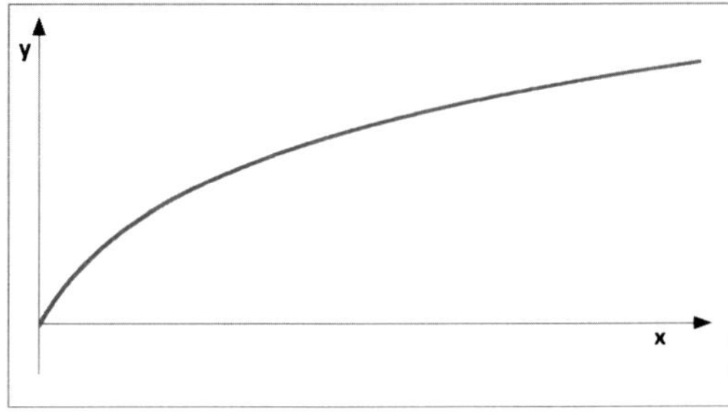

Es gilt: $\frac{y}{\sqrt{x}}$

Schreibweise: $y \sim \sqrt{x}$ oder $y^2 \sim x$

Der Graph befindet sich im 1. Quadranten.

Versuch 1: Flüssigkeitsschichten

Das Verständnis der Zusammenhänge zwischen den Größen Volumen, Masse und Dichte ermöglicht es den Schülerinnen und Schülern, verschiedene Zusammenhänge in der Natur und Technik zu erklären. Dies ist ein sehr schöner Versuch mit Körpern unterschiedlicher Dichte, der auch immer gelingt. Er bietet sich sowohl bei der Einführung der physikalischen Größe Dichte als auch zur Wiederholung und Festigung an. Einerseits wird deutlich, dass sich die Flüssigkeiten entsprechend ihrer Dichte schichten. Andererseits ist gut erkennbar, dass ein fester Körper schwimmt, wenn seine Dichte kleiner ist, als die Dichte der Flüssigkeit und dass er andernfalls sinkt.

Der Versuch lässt sich ohne große Mühe erweitern, beispielsweise mit einem Stein. Von diesem Stein wäre die Bestimmung des Volumens mit der Überlauf- oder der Differenzmethode möglich. Mit einer Waage kann man die Masse bestimmen und mit diesen Werten zum Schluss die Dichte berechnen. So wäre es möglich, die Lage des Steins genau vorherzusagen und experimentell zu überprüfen.
Das Einfärben des Wassers ist hier nicht sinnvoll. Es schränkt die Sicht ein. Bei der Verwendung von dunklem Sirup wäre die Grenzfläche zwischen Sirup und Wasser nur schwer zu erkennen.
Die Aufgaben ⑤ und ⑥ könnte man auch als kleinen Vortrag präsentieren lassen.

Versuch 2: Der See im Winter

Dieser Versuch bildet einen weiteren Baustein zu dem Thema „Dichte von Flüssigkeiten". Im Versuch 1 wurde herausgearbeitet, dass Flüssigkeiten sich entsprechend ihrer Dichte schichten. Der Versuch 2 verdeutlicht, dass die Dichte einer Flüssigkeit auch von der Temperatur abhängt. Wenn vor dem Experiment gezeigt wurde, dass sich warmes Wasser auf dem kalten Wasser schichtet, ist er umso überraschender. Denn in diesem Versuch ist das wärmere Wasser mit einer Temperatur von 4 °C unten und oben schwimmt das kältere Eis. Daraus lässt sich schlussfolgern, dass Wasser bei 4 °C die größte Dichte hat und so eine besondere Eigenschaft besitzt – die Anomalie des Wassers.

Damit der Versuch gelingt, ist es empfehlenswert, den Eimer während des Versuches still stehen zu lassen. Zu Beginn des Versuches sollte man möglichst sehr kaltes Wasser nehmen. Insgesamt ist hier auf eine sehr sorgfältige und ruhige Durchführung zu achten.

Versuch 3: Dichtemessung mit einem selbstgebautem Aräometer

In diesem Versuch wird sehr schön das archimedische Prinzip deutlich. Er kann sowohl bei der Behandlung der Dichte als auch bei der Behandlung von Auftrieb eingesetzt werden. Der Zusammenhang zwischen den Größen Volumen, Masse und Dichte kann hier ebenfalls gefestigt werden.
Die Durchführung des Versuches erfordert viele verschiedene Tätigkeiten. Aus diesem Grund ist er etwas anspruchsvoller.
Möchte man ihn einfacher halten, besteht die Möglichkeit, die Dichte des Sirups vorzugeben.

Worauf ist zu achten?

- Als sehr praktisch hat sich herausgestellt, in das kleinere Glas 1–2 Esslöffel Sand zu füllen. Somit liegt der Schwerpunkt tiefer und das Glas schwimmt aufrecht.
- Die Skala sollte in dem Glas an den Rand und unten in den Sand gesteckt werden. Während des Experimentierens kann man den Zettel einfach herausziehen und wieder reinstecken.

- Um die Dichte des Sirups genauer zu bestimmen, könnte man die Masse mit einer digitalen Küchenwaage und das Volumen mit einem Messzylinder messen. Dazu reichen 100 ml des Sirups aus.

  In dem Probeexperiment wurde Himbeersirup verwendet und eine Dichte von 1,3 $\frac{g}{cm^3}$ ermittelt.
- Für die unbekannten Flüssigkeiten können verschiedene Mischungen des Sirups mit Wasser verwendet werden.
- Es eignet sich auch Salzwasser oder Öl. Für folgende Mischungen wurden die Dichte ermittelt:

  Salzwasser, aus 500 ml Wasser und 100 g Salz : 1,1 $\frac{g}{cm^3}$

  Salzwasser, aus 500 ml Wasser und 200 g Salz: 1,2 $\frac{g}{cm^3}$

  Rapsöl bei Zimmertemperatur: 0,9 $\frac{g}{cm^3}$

Bei all diesen hier angegebenen Werten kann es, aufgrund der Produktvielfalt, zu großen Unterschieden zu den von Ihnen ermittelten Werten kommen. Hier steht jedoch nicht die Messgenauigkeit im Vordergrund, sondern, dass die Dichte der Flüssigkeit die Eintauchtiefe beeinflusst.

Versuch 4: Langsame und schnelle Autos

Dieser Versuch bietet sich zu Beginn des Themas „Bewegungen von Körpern" an. Er zeigt anschaulich das Merkmal der gleichförmigen Bewegung – in gleichen Zeitabständen werden stets gleiche lange Wege zurückgelegt. Die Darstellung der Messwerte in einem Diagramm stellt den mathematischen Zusammenhang der Größen dar.

Dieser Versuch hängt sehr stark von der Gleichmäßigkeit des Aufwickelns ab. Eventuell sollte man das Aufwickeln ein- oder mehrmals testen, bevor die Messwerte aufgenommen werden. Zum Start sollte der Faden gespannt sein oder das Aufwickeln beginnt schon vor der Zeit- und Wegmessung. Der Versuch verläuft mit einem etwas schwereren Fahrzeug besser.
Für das gleichmäßige Aufwickeln eignet sich, falls noch vorhanden, eine alte Kassette. Dort kann man mit Hilfe eines Stiftes die Kassette drehen und bei konstanter Drehgeschwindigkeit bewegt sich das Fahrzeug gleichförmig.

Versuch 5: Eine Fahrt bergab

Dieser Versuch bildet einen weiteren Baustein zu dem Thema „Bewegungen von Körpern". Hier wird das Merkmal der beschleunigten Bewegung gut erkennbar – in gleichen Zeitabständen wir der zurückgelegte Weg immer größer. Zur Auswertung sollten die mathematischen Zusammenhänge und ihre Merkmale im Diagramm bekannt sein. Häufig fehlen noch die Voraussetzungen aus dem Mathematikunterricht. In diesem Fall sind den Schülerinnen und Schülern Hilfestellungen anzubieten.

Dieser Versuch kann bei exakter Zeitmessung genau verlaufende Kurven im Diagramm ergeben. Dafür ist das mehrmalige Messen der Zeit unbedingt erforderlich. Empfehlenswert sind digitale Uhren z. B. von Smartphones.

Im Probeexperiment wurde eine schwere große Murmel und als Bahn eine Abschlusskante vom Deckenpaneel verwendet. Als Laufrinne eignen sich auch zwei Stativstäbe, die mit einer Kreuzmuffe oder einem Gummiband verbunden werden.

Versuch 6: Rhythmus des Fallens

Dieser Versuch empfiehlt sich im Anschluss an die vorangegangen Versuche 4 und 5. Er verlangt die Auseinandersetzung mit dem Zusammenhang zwischen Weg und Zeit bei beschleunigten Bewegungen, insbesondere beim Freien Fall. Dieser quadratische Zusammenhang wird beim Herstellen der Fallschnur gut sichtbar.

Das Hören des Rhythmus beim Aufschlagen der Muttern gelingt nur mit Abstrichen, da häufig die Muttern von dem Untergrund abprallen und beim erneuten Auftreffen wieder einen Ton erzeugen. Empfehlenswert sind das mehrmalige Durchführen des Versuches und das Klatschen des Rhythmus.

Statt Muttern können auch etwas größere Holzperlen verwendet werden.

Versuch 7: Leicht hebt schwer

Dieser Versuch bietet sich bei der Einführung der kraftumformenden Einrichtungen, insbesondere des Hebels an. Das Hebelgesetz kann anschließend formuliert und angewendet werden.

Dieser Versuch gelingt sehr gut. Falls unbekannte Körper verwendet werden, kann man die Gewichtskraft mit einem Federkraftmesser bestimmen und die Körper mit ein wenig Klebestreifen auf dem Lineal befestigen.

Es ist auch möglich, einen zweiarmigen Hebel zu verwenden, an dem man die Massestücke anhängt. In diesem Fall könnte jedoch in einer Klasse eine etwas größere Unruhe entstehen, da der Hebel zu stark ausschlagen könnte und die Massestücke runterfallen.

Versuch 8: Rollen erleichtern die Arbeit

Immer wieder begegnet man der Vorstellung, dass mit Flaschenzügen oder Rollen nicht nur Kraft, sondern auch Arbeit eingespart werden kann. Dabei ist häufig umgangssprachlich das Erleichtern von Arbeit gemeint. Das wiederum ist von der Einsparung mechanischer Arbeit zu unterscheiden. Diesen Unterschied möchte der Versuch verdeutlichen.

In Abhängigkeit der Klassensituation ist dieser Versuch sehr leicht erweiterbar auf die Untersuchung eines Flaschenzuges.

Bei den Versuchen mit der losen Rolle oder evtl. dem Flaschenzug ist ein genügend langer Faden zur Verfügung zu stellen, mindestens 1 m.

Bei diesem Versuch kann eine Vielzahl an Fehlern auftreten. Eine Fehlerbetrachtung gemeinsam mit den Schülern ist hier deshalb empfehlenswert. Wird die Fehlerbetrachtung vor der Durchführung des Versuches vorgenommen, ist die Messung genauer.

Versuch 9: Autobremse

Dieser Versuch kann sehr gut bei der Behandlung verschiedener Themen durchgeführt werden z. B. bei den Themen „Kräfte und ihre Wirkungen“, „Kraftumformende Einrichtungen“ oder „Kolbendruck“. Für den Aufbau wird auch technisches Geschick verlangt und entwickelt.
Empfehlenswert sind 2 Spritzen mit einem großen Unterschied der Kolbendurchmesser. So wird der Unterschied zwischen den wirkenden Kräften erlebbar und sorgt trotz des theoretischen Wissens für ein Erstaunen.
Bei der Berechnung der Kolbenflächen könnte es sein, dass die mathematischen Voraussetzungen fehlen. Aus diesem Grunde wurde hier die Formel zur Berechnung einer Kreisfläche mit der Zahl 3,14 vorgegeben. Hier ist nach der Klassensituation zu entscheiden, ob auf die Zahl Pi sowie auf die Formel zur Berechnung einer Kreisfläche eingegangen wird.

Versuch 10: Trinkwasser aus der Luft

Dieser Versuch ordnet sich in das Thema „Aggregatzustandsänderungen“ ein und verdeutlicht den Zusammenhang zwischen Temperatur und Wasserdampfgehalt der Luft. Meist haben die Schülerinnen und Schüler schon praktische Erfahrungen mit Brillen oder auch mit eisgekühlten Getränken gemacht. In der Auswertung wird die Erklärung einer Beobachtung mit physikalischen Fachbegriffen geübt.

Der Versuch lässt sich sehr einfach durchführen und liefert für alle auch ein klares und einheitliches Ergebnis. Besonders gut bilden sich Kondenstropfen, wenn sich ausreichend Eiswürfel in dem Glas befinden.

Interessant ist der Versuch, da er einen praktischen Hintergrund hat. Unter anderem erforscht das Frauenhofer Institut nach praktikablen Lösungen zur Gewinnung von Trinkwasser aus der Luft in großen Trockengebieten der Erde. Dort ist die Gewinnung von Trinkwasser ein existentielles Problem, da mehr Wasser verdampft als Niederschläge fallen. Die Erschließung dieser Ressource hat eine große Bedeutung für zukünftige Generationen.

Versuch 11: Kocht ein Schnellkochtopf schneller?

Dies ist eine weitere Frage innerhalb des Themas „Aggregatzustandsänderungen“. Es ist ein verblüffender Versuch und lässt sich gut mit Schülern in Zweiergruppen durchführen. Er zeigt, dass die Siedetemperatur von dem Druck auf einer Flüssigkeit abhängig ist. Zur Veranschaulichung kann hier die Erklärung auch mit dem Teilchenmodell vorgenommen werden. Die Teilchen der Flüssigkeit können diese leichter verlassen und in den gasförmigen Zustand übergehen, wenn auf ihnen nur ein kleiner Druck wirkt, bzw. umgekehrt. Dies erleichtert den Schülerinnen und Schülern das Verständnis. Die Übertragung der gewonnenen Erkenntnisse auf Anwendungen im Alltag, z. B. auf den Schnellkochtopf, gelingt dann gut.

Die Spritzen erhält man in der Apotheke für ca. 0,40 € pro Stück.

Versuch 12: Kühlen ohne Kühlschrank

Dieser Versuch ist gut kombinierbar mit den Versuchen 10 und 11. Die Durchführung ist leicht und gelingt gut, die Erklärung dieses Phänomens ist anspruchsvoller. Deshalb ist eine gemeinsame Auswertung dieses Experimentes empfehlenswert.

Allen Schülerinnen und Schülern ist aus dem Alltag bekannt, dass Eis schmilzt, wenn es warm wird. Bei der Erklärung des Versuches erscheint es ihnen unlogisch, dass das Eis bei weiterer Abkühlung schmilzt und ihm sogar Wärmeenergie zugeführt wird. Die Begründungen der Schülerinnen und Schüler können für eine Diskussion im Unterricht genutzt werden.
Der Versuch besitzt einen praktischen Hintergrund. Dieses Verfahren nutzten schon die alten Römer und sogar Napoleon, damit er während seiner Schlachten nicht auf Gefrorenes und Gekühltes verzichten musste.

Das Kühlen von Flüssigkeiten in porösen Tontöpfen wurde bereits von den Arabern genutzt. Durch das Verdunsten der Flüssigkeit an der Außenfläche des Topfes kühlte sich die Flüssigkeit im Inneren des Topfes auf ungefähr 10 °C ab. Diesen Versuch kann man gut ausprobieren. Es eignen sich natürlich nur unlasierte Tontöpfe, da diese das Wasser hindurch lassen. Falls man keinen Tontopf zur Hand hat, kann man auch ein nasses Handtuch um eine Flasche Wasser wickeln. Auch hier ist eine Abkühlung der Flasche Wasser festzustellen. Bei noch größerer Vereinfachung ist es möglich, ein nasses Tuch um das Thermometergefäß zu wickeln und das Sinken der Temperatur an der Skala direkt abzulesen.

Versuch 13: Eine coole Sache

Dieser Versuch verbindet das Wissen über Wärmeübertragungen mit der Entwicklung grundlegender Kompetenzen der Erkenntnisgewinnung: das Messen der Zeit, das Ablesen der Temperatur, das Erfassen der Messwerte in einer geeigneten Tabelle, die Darstellung der Messwerte in einem Diagramm und deren Auswertung.

In dem Probeexperiment war das Gefäß mit dem kalten Wasser viel größer als das Gefäß mit dem warmen Wasser. Deshalb kühlte sich das heiße Wasser mehr ab, als sich das kalte Wasser erwärmte. Die Größe der Messgefäße ist deshalb zu berücksichtigen.

An dieser Stelle könnte man das Experiment erweitern und noch zwei weitere Versuche durchführen. In einem Experiment könnten die Wassermengen gleich sein und in dem anderen könnte es mehr warmes Wasser als kaltes Wasser sein.

Versuch 14: Wie viel Wärme nimmt Öl auf?

In diesem Versuch wird mithilfe von Wärmeübertragungen eine Stoffkonstante ermittelt – die spezifische Wärmekapazität. Er ordnet sich so in das Thema „Wärmeübertragungen“ ein und kann im Anschluss an Versuch 13 durchgeführt werden, da die grundlegende Vorgehensweise beim Messen von Temperatur und Zeit bereits geübt wurde.

Um bei diesem Versuch ein gutes Ergebnis zu erzielen, muss man sehr genau arbeiten. Empfehlenswert ist deshalb, die abgegebene Wärme der Heizplatte selbst zu bestimmen. Dafür erwärmt man eine bestimmte Masse (z. B. 0,3 kg) eines Stoffes mit bekannter spezifischer Wärmekapazität (z. B. Wasser) und misst die Temperaturdifferenzen pro Minute. Anschließend kann man die abgegebene Wärme der Heizplatte berechnen und den Mittelwert bilden. Auf diese Weise wurde in dem Probeexperiment für die verwendete Heizplatte eine abgegeben Wärme von 1,57 kJ pro Minute ermittelt. Für die Heizplatte können auch regulierbare Kochfelder eines Elektroherdes zu Hause oder einer Schulküche verwendet werden. In jedem Fall sollte man die Heizplatte vorheizen und eine niedrige Einstellung auswählen.

In diesem Versuch treten auch viele Messfehler auf. Es werden zum Beispiel die Wärmeaufnahme des Topfes und des Rührlöffels, sowie die Wärmeverluste an die Umgebung vernachlässigt. Bei der Berechnung wurde für die Masse des Öls 0,2 kg verwendet, was ebenfalls nicht ganz korrekt ist. Wenn dies mit Schülern diskutiert werden sollte, kann deutlich werden, wie viele Experimente von Physikern nötig waren, um Tabellen mit den Stoffeigenschaften (spezifische Wärmekapazität, Dichte, Schmelztemperatur, Schmelzwärme…) anzufertigen.

Versuch 15: „Watt“ leistet die Sonne?

Ziel dieses Versuches ist es, die abgegebene Energie der Sonne auf einer bestimmten Fläche und in einer bestimmten Zeit – die Solarkonstante – experimentell zu bestimmen. Er verbindet die aktuelle Diskussion zur Nutzung der erneuerbaren Energie mit verschiedenen Unterrichtsinhalten:
Die Durchführung des Versuchs bietet sich während der Behandlung der Themen „Wärmeübertragungen“, „Energie“ oder „Leistung“ im Unterricht an. Er ist mit Schülern durchführbar, da sowohl das Vorgehen in kleinen genau beschriebenen Schritten als auch alle benötigten physikalischen Gleichungen vorgegeben sind.
Das Besondere an diesem Versuch ist, dass mit einfachen Mitteln ein Wert bestimmt wird, der im Alltag bei der Nutzung der Sonnenenergie eine große Bedeutung hat. Die gewonnenen Ergebnisse können im Unterricht auch als Grundlage für eine Diskussion über erneuerbare Energien genutzt werden. Weiterhin kann die Größe des Wertes ausgewertet werden, indem beispielsweise berechnet wird, welche Fläche für die Erwärmung des Wassers für einmal duschen erforderlich wäre. So wird der Wert vorstellbarer und verständlicher.
Bei der Durchführung des Versuches sollten folgende Hinweise beachtet werden:

- Empfehlenswert ist ein Erlenmeyerkolben mit einer großen Bodenfläche und wenig Wasser.
- Die Temperatur des Wassers im Erlenmeyerkolbens und der Umgebung (draußen oder Klassenzimmer) sollten nahezu übereinstimmen.
- In dem Erlenmeyerkolben darf keine Luft enthalten sein.
- Die Bodenfläche des Kolbens sollte senkrecht zur Sonne ausgerichtet werden. Dies lässt sich leicht mit dem Schatten des Versuchaufbaus auf einem weißen Blatt Papier überprüfen. Die Schattenfläche ist dann genau ein Kreis.
- Durch die Bewegung der Erde um die Sonne ist die Ausrichtung des Kolbens während der Versuchsdurchführung stets zu korrigieren.
- Häufig ist es genau in dem Moment bewölkt, wenn der Versuch durchgeführt werden soll. Alternativ zur Sonne kann beispielsweise eine Rotlichtlampe, die Lampe eines Overheadprojektors oder eine andere geeignete Lampe verwendet werden.

In diesem Versuch treten verschiedene weitere Wärmeübertragungen auf. Darauf und auf weitere Messfehler kann man bei der Fehlerbetrachtung eingehen.

Versuch 16: Schweben wie im Toten Meer

Dieser Versuch bietet sich an, um die Abhängigkeit der Auftriebskraft eines Körpers von der Dichte der ihn umgebenden Flüssigkeit zu zeigen.

Er lässt sich auch gut zu Hause durchführen. Obwohl das Ergebnis sich vorhersagen lässt, bereitet es gewöhnlich Freude, das Salz im Wasser zu lösen, bis das Ei zu schweben beginnt.

Ausgehend von diesem Versuch lassen sich weitere Versuche planen sowie physikalische

Phänomene erklären. Beispielsweise könnte man die Dichte des Eis und des Salzwassers bestimmen, die dann ja gleich groß sein müssten. Damit wäre auch der rechnerische Beweis erbracht. Weiterhin könnte man klären, wieso das Baden in der Ostsee und in einem Binnensee unterschiedlich anstrengend ist.
Den leistungsstarken interessierten Schülern kann die Aufgabe angeboten werden, die Funktionsweise eines Schwimmdocks zu erklären.

Versuch 17: Archimedes auf der Spur

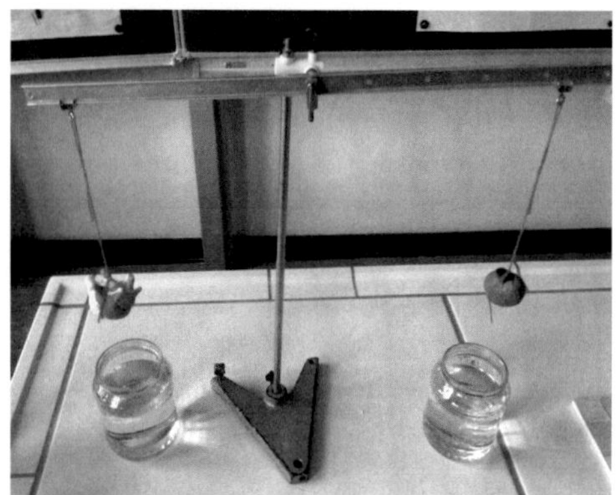

Diesen Versuch kann man sowohl während der Behandlung der Dichte als auch im Stoffgebiet des Auftriebs durchführen. Die Durchführung gelingt gut, jedoch ist darauf hinzuweisen, dass die Krone nicht perfekt geknetet werden muss. Bei der Auswahl der Knete sollte man darauf achten, dass es Knete ist, die sinkt.

Bei der Auswertung des Versuches steht hier die Formulierung des erkannten Zusammenhanges im Vordergrund. Durch die Anregung einen Brief zu schreiben, wird die Aufgabe meist gut angenommen. Verschiedene Beispiele können nach dem Experiment vorgetragen werden. Mit der dazugehörigen Erklärung wäre es auch vorstellbar, dieses Experiment als Rollenspiel erarbeiten zu lassen.

Versuch 18: Wir lassen einen Luftballon fliegen

Ein verblüffendes Experiment, welches die Schülerinnen und Schüler den Zusammenhang zwischen Strömungsgeschwindigkeit, Druck und Auftriebskraft sehr anschaulich erfahren lässt.

Der Versuch ist leicht durchführbar, die Erklärung ist anspruchsvoller. Hier ist es vorteilhaft, mit den Schülern bereits vorher den von Daniel Bernoulli gefundenen Zusammenhang zu besprechen oder ihnen für die Erklärung entsprechende Literatur zur Verfügung zu stellen. Mit dem zweiten Versuch wird das Gelernte überprüft. Stimmen die Vermutung und die Beobachtung beim Experiment überein, so ist das für den Lernenden eine Bestätigung.

Versuch 19: Farbmischung mit und ohne Pinsel

Dieser Versuch aus dem Gebiet der Optik eignet sich, um die additive und subtraktive Farbmischung zu wiederholen und auszuprobieren.
Das Ergebnis dieses Versuches ist von verschiedenen Faktoren abhängig. Die Qualität des Buntpapiers, die Anzahl der Farbsegmente und die Drehgeschwindigkeit der Scheibe oder des Kreisels.

Man kann Buntpapier mit kräftigen klaren Farben wählen, oder Papier mit hellen, fast Pastellfarben. Bei dem Papier mit helleren Farben ist das Ergebnis etwas besser zu erkennen. Ab ungefähr 6 Farbsegmenten wird die Mischfarbe besser sichtbar. Je mehr Farbsegmente man anfertigt, umso eindeutiger wird das Ergebnis.

Den größten Einfluss auf das Ergebnis hat die Drehgeschwindigkeit. Falls die Schülerinnen und Schüler einen Kreisel besitzen, können sie die farbigen Kreisscheiben oben auf dem Kreisel auflegen. Die Scheiben können mit ein paar Klebestreifen befestigt werden, sodass sie sich mit dem Kreisel mitdrehen. Es gibt sogar Kreisel, die man durch Abziehen einer Schnur sehr stark zum Drehen anregen kann. Diese sind hervorragend geeignet.
Natürlich hängt das Beobachtungsergebnis auch von der Beleuchtung des Experimentes ab. Helles Tageslicht ist hier vorteilhaft.

Im Vordergrund dieses Experiments steht die Wahrnehmung unterschiedlicher Farbschattierungen unter Verwendung verschiedenfarbiger Farbsegmente. Hier sollte den Schülerinnen und Schülern das Spielen und Ausprobieren erlaubt sein.

Versuch 20: Lässt sich das Licht einfangen?

Dieser Versuch bildet einen weiteren Baustein zu dem Thema „Reflexion und Brechung des Lichtes" aus dem Gebiet der Optik. Die Behandlung der Totalreflexion ist zwar nur kurz vorgesehen, dennoch lohnt sich die Durchführung dieses Versuches.

Man kann sehr schön beobachten, wie der Brechungswinkel immer größer wird und schließlich dann genau auf der Oberfläche der Grenzfläche erscheint. Dieser Versuch lässt sich je nach mathematischen Vorkenntnissen durch verschiedene Berechnungen erweitern. Genauso kann man die Berechnung der Brechzahl unberücksichtigt lassen. Demzufolge kann der Versuch in verschiedenen Klassenstufen durchgeführt werden.

Versuch 21: Rillenabstand einer CD

Diesen Versuch kann man in dem Stoffgebiet Optik anwenden, nachdem die Erscheinungen Beugung und Interferenz des Lichtes bekannt sind.

Damit der Versuch für Schüler im Realschulbereich nachvollziehbar bleibt oder sogar selbstständig experimentiert werden kann, wurde auf die vollständige mathematische Betrachtung der Winkel und Längen verzichtet. Die Annahme $\sin\alpha = \tan\alpha$, für kleine Winkel α, führt zu einer Abweichung des experimentell bestimmten Wertes vom tatsächlichen Wert. Je größer der Schirmabstand ist, umso kleiner wird der Winkel α und folglich auch die Abweichung. Insgesamt jedoch können mit dieser Vorgehensweise realistische Werte erzielt werden.
Des Weiteren wurden, um eine Vergleichbarkeit der Ergebnisse zu erzielen, die Wellenlängen für rotes, blaues und grünes Licht vorgegeben.

Warum ist die Verwendung von CDs der Verwendung von DVDs vorzuziehen?
Der Rillenabstand einer DVD liegt zwischen 0,44 μm und 1,87 μm, der einer CD zwischen 0,8 μm und 3,05 μm. Folglich liegen die beiden Beugungsmaxima 1. Ordnung bei einer DVD sehr viel weiter auseinander als bei einer CD.

Mathematischer Hintergrund:

Schirm 1
Maxima 1. Ordnung
CD
Laserstrahl
Schirm 2

So ergibt sich folgendes rechtwinkliges Dreieck:

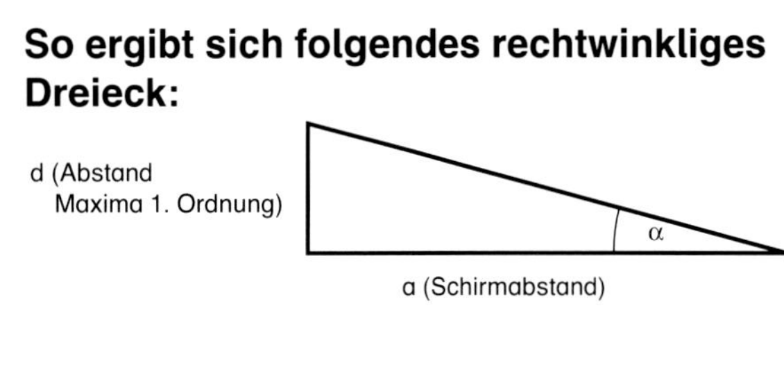

Geräte und Materialien

1 Glas
Wasser
Öl
Zuckerrübensirup oder Honig
1 Baustein aus Plastik
1 kleine Weintraube
1 Korken

Theoretische Grundlagen

Die Dichte ist eine Eigenschaft aller Körper. Sie ist von dem Stoff abhängig, jedoch unabhängig von der Form und Größe des Körpers. Sie gibt an, welche Masse ein Stoff bei einem bestimmten Volumen hat.
Die Dichte eines Körpers wird aus dem Quotienten der Masse und des Volumens berechnet und in $\frac{g}{cm^3}$ oder in $\frac{kg}{m^3}$ angegeben.

Aufgabe: Vergleiche die Dichte verschiedener Flüssigkeiten.

Experimentieranordnung

Durchführung

1. Fülle das Glas ungefähr 4 cm hoch mit Sirup oder Honig.
2. Gieße Wasser dazu, bis eine ungefähr 6 cm hohe Schicht entstanden ist.
3. Gieße anschließend Öl in das Glas, bis zu einer ca. 3 cm hohen Schicht.
4. Lege zum Schluss die Weintraube, den Korken und den Baustein in die Flüssigkeit. Tauche den Plastikstein mit dem Hohlraum nach oben ein, sodass die Luft vollständig entweichen kann.

Hinweis

Beim Eingießen das Wasser bzw. Öl vorsichtig über einen Löffel laufen lassen.

Auswertung

① Skizziere die Anordnung der Flüssigkeiten und der hineingelegten Körper.

② Beschreibe deine Beobachtung.

③ Ordne den Flüssigkeiten und den festen Körpern die richtige Dichte zu.

$0{,}5\,\frac{g}{cm^3}$ $0{,}7\,\frac{g}{cm^3}$ $0{,}9\,\frac{g}{cm^3}$ $1\,\frac{g}{cm^3}$ $1{,}2\,\frac{g}{cm^3}$ $1{,}4\,\frac{g}{cm^3}$

④ Welche Größen musst du messen, um die Dichte eines Körpers zu bestimmen?

⑤ In den Nachrichten wird manchmal von einem „Ölteppich" berichtet. Was ist ein Ölteppich?

⑥ Wie kann er entstehen? Welche Auswirkungen hat er?

⑦ In manchen Mixgetränken wird diese Eigenschaft der Flüssigkeiten genutzt. Welche kennst du?

Fehlerbetrachtung: Gib an, welche Messfehler aufgetreten sein könnten.

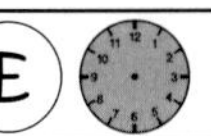

Geräte und Materialien

1 Eimer
Wasser
1 Thermometer an einem langen Faden
2 kg Eis

Theoretische Grundlagen

Insbesondere bei Flüssigkeiten und Gasen ist die Dichte von der Temperatur abhängig. Je wärmer ein Gas oder eine Flüssigkeit, desto kleiner wird die Dichte. Die von der Heizung erwärmte Luft in einem Raum steigt deshalb auf und befindet sich oben an der Decke. Eine Ausnahme ist jedoch das Wasser, bei einer bestimmten Temperatur schichtet sich kälteres Wasser auf wärmeres Wasser.

Aufgabe: Untersuche den Temperaturverlauf in einem Eimer mit Eiswasser.

Experimentieranordnung

Hinweise

Fülle in den Eimer schon sehr kaltes Wasser. Versuche, beim Eintauchen des Thermometers die Flüssigkeit nicht umzurühren.

Durchführung und Messwerte

1. Fülle den Eimer mit kaltem Wasser bis zu 10 cm unter dem Rand.
2. Schütte das Eis dazu und warte mit den Messungen ungefähr 30 Minuten.
3. Miss an verschiedenen Stellen in dem Eimer die Temperatur des Wassers. Notiere die Messwerte in der Tabelle.

Messung	Temperatur in °C	Dichte in $\frac{g}{cm^3}$
am Boden		
ca. 15 cm über dem Boden		
ca. 30 cm über dem Boden		
an der Wasseroberfläche		

Auswertung

① Ordne den Temperaturmesswerten entsprechend der Tabelle eine Dichte zu und ergänze die Messwerttabelle aus Aufgabe 3 der Durchführung.
Was fällt dir auf?

____

____

____

____

Temperatur in °C	Dichte in $\frac{g}{cm^3}$
Eis	0,918
0	0,99984
1	0,99990
2	0,99994
3	0,99996
4	0,99997
5	0,99996
6	0,99994

② Übertrage deine Erkenntnisse auf die Temperaturverteilung in einem See.

im Sommer
6 °C; 14 °C; 4 °C; 10 °C; 8 °C

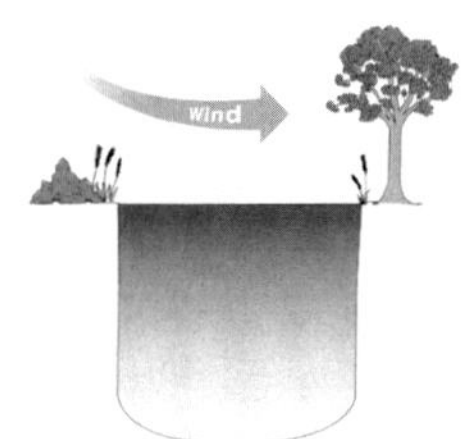

im Winter
4 °C; 1 °C; 0 °C; 2 °C; 3 °C

③ Fasse deine Erkenntnisse in folgendem Lückentext zusammen und setze die Begriffe ein.

Herbst, kleiner, Oberfläche, 4° C, Anomalie, oben, Fische, am Grund, friert

Wasser mit einer Temperatur von __________ °C befindet sich in einem See unten. Es hat bei dieser Temperatur seine größte Dichte. Diese Besonderheit nennt man ____________________ des Wassers.

Kühlt oder erwärmt sich das Wasser weiter, so wird die Dichte wieder ______________. Im ______________ kühlt sich das Wasser an der Wasseroberfläche des Sees ab und sinkt nach unten. Das wärmere Wasser von unten strömt nach ______________ und kühlt sich dort ab. Das wiederholt sich, bis die Temperatur ______________ 4 °C beträgt. Kühlt sich das Wasser an der ____________________ weiter ab, bleibt es oben und es bildet sich sogar Eis. Der See ______________ von oben zu. Zum Glück, denn so überleben die ______________ unten in dem See.

④ Die starken Veränderungen des Volumens von Wasser und Eis hinterlassen in der Natur Spuren. Recherchiere selbstständig und notiere deine Erkenntnisse im Heft.

Fehlerbetrachtung: Gib an, welche Messfehler aufgetreten sein könnten.

____

Geräte und Materialien

1großes Glas
1 kleinen Messbecher mit etwas Sand
Wasser
Getränkesirup
Folienstifte
kariertes Papier
Messbecher und Waage

Theoretische Grundlagen

Nach dem Archimedischen Prinzip taucht ein Körper so weit in eine Flüssigkeit ein, bis die Gewichtskraft der verdrängten Flüssigkeit genauso groß ist wie seine eigene. Folglich beeinflusst die Dichte der Flüssigkeit die Eintauchtiefe des Körpers. Nach diesem Prinzip funktioniert ein Aräometer – ein Dichtemesser.

Aufgabe: Baue ein Aräometer und bestimme die unbekannte Dichte einer Flüssigkeit.

Experimentieranordnung

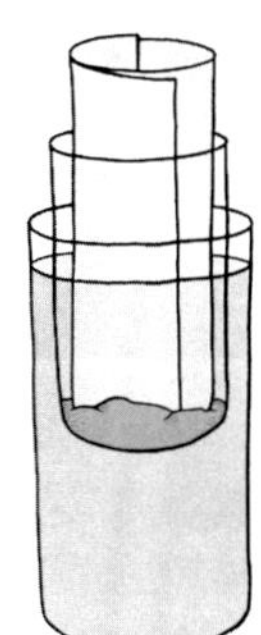

Hinweise

Fülle das große Glas zum Eintauchen nur halb voll. Für das Anfertigen einer Skala benötigst du 2 Flüssigkeiten mit bekannter Dichte, z. B. Wasser und Öl.

Durchführung und Messwerte

1. Stecke in das kleine Glas einen passend geschnittenen Zettel aus kariertem Papier.
2. Setze dieses Glas in das große mit Wasser gefüllte Glas. Markiere die Eintauchtiefe auf dem Glas mit einem Folienstift und nach Herausnahme auf dem Zettel mit $1 \frac{g}{cm^3}$.
3. Kippe das Wasser wieder aus. Fülle nun in das große Glas den unverdünnten Getränkesirup.
4. Setze das kleine Glas mit Skala in das mit Sirup gefüllte Glas. Markiere die Eintauchtiefe auf dem Glas mit einem Folienstift und nach Herausnahme auf dem Zettel.
5. Da die Dichte des Sirups unbekannt ist, musst du sie erst bestimmen. Bestimme dazu die Masse von 100 ml Sirup und berechne die Dichte:

   $V = 100\text{ ml} = 100\text{ cm}^3$, m = __________; $\rho = \frac{m}{V} = $ __________ $\frac{g}{cm^3}$
6. Trage die Dichte des Sirups auf der Skala ein und vervollständige die Einteilung der Skala.
7. Bestimme mit deinem selbstgebauten Aräometer die Dichte der bereitgestellten Flüssigkeiten.

Auswertung

① Antonia ist aufgefallen, dass das Schwimmen im See, in der Ostsee oder im Schwimmbad unterschiedlich anstrengt. Was sagst du dazu? Begründe deine Aussage im Heft.

② Suche im Tafelwerk die Dichten von Benzin, Petroleum, Quecksilber und Salzsäure und markiere die mögliche Eintauchtiefe auf deiner Skala.

③ Finde die verschiedenen Verwendungszwecke von Aräometern heraus und notiere sie im Heft.

Fehlerbetrachtung: Gib an, welche Messfehler aufgetreten sein könnten.

Langsame und schnelle Autos

Versuch 4 ★ 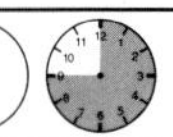

Geräte und Materialien

1 Modellauto
1 Lineal
1 Stoppuhr
1 Bleistift
1 langer Faden (ca. 5 m)
1 Filzstift

Theoretische Grundlagen

Wir unterscheiden die gleichförmige, die beschleunigte und die verzögerte Bewegung.
Bei der gleichförmigen Bewegung ist die Geschwindigkeit konstant. Der zurückgelegte Weg ist proportional zu der benötigten Zeit, kurz $s \sim t$.

Aufgabe: Untersuche die Bewegung eines Modellautos.

Experimentieranordnung

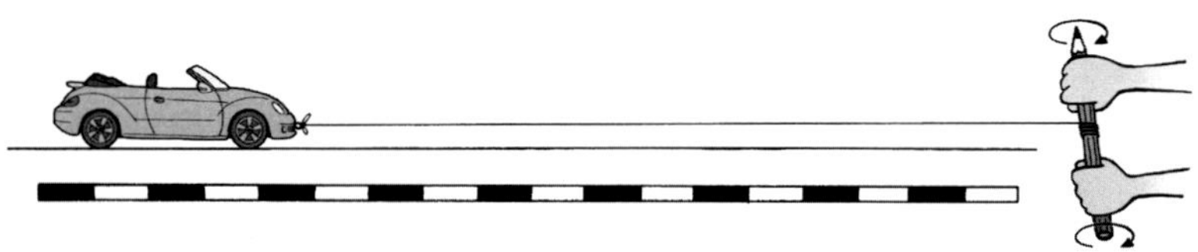

Hinweise

Wickle den Faden mit einem konstanten Tempo auf den Bleistift. Markiere nach einer bestimmten Zeit die Position des Autos immer bei den Vorderrädern.

Durchführung und Messwerte

1. Wähle zwei Experimentierpartner, die dir bei der Durchführung helfen. Verteilt die Aufgaben: Zeit ansagen, Faden aufwickeln und Weg markieren.
2. Markiere den Startpunkt.
3. Beginne bei Start mit dem langsamen und gleichmäßigen Aufwickeln des Fadens.
4. Markiere jeweils nach jeweils 5 Sekunden auf der Unterlage den zurückgelegten Weg des Autos.
5. Miss zum Schluss bei der jeweiligen Markierung den zurückgelegten Weg vom Startpunkt aus und trage die Messwerte in die Tabelle ein.

t in s	5	10	15	20	25	30	35	40	45	50	55	60
s in m												
$\frac{s}{t}$ in $\frac{m}{s}$												

Auswertung

① Berechne den Quotienten aus Weg und Zeit und vervollständige die Tabelle. Was stellst du fest und welche physikalische Größe gibt der Quotient an?

② Stelle deine Messwerte in einem Weg-Zeit-Diagramm dar und zeichne eine Gerade in das Diagramm, die die Messabweichungen ausgleicht (Ausgleichsgerade).

③ Beschreibe den Verlauf der Kurve im Diagramm. Nenne den mathematischen Zusammenhang zwischen den Größen.

④ Zeichne Kurven für ein schnelleres und ein langsameres Auto in das Diagramm ein.

Fehlerbetrachtung: Gib an, welche Messfehler aufgetreten sein könnten.

Geräte und Materialien

1 Modellauto
1 Lineal
1 Stoppuhr
Kreide
1 Schiene oder Brett (ca. 1m lang)

Theoretische Grundlagen

Bei der gleichmäßig beschleunigten Bewegung ist die Beschleunigung konstant, die Geschwindigkeit nimmt proportional der benötigten Zeit zu, kurz $v \sim t$.
Der zurückgelegte Weg ist dem Quadrat der benötigten Zeit proportional, kurz $s \sim t^2$.

Es gilt: $v = a \cdot t$; $s = \frac{1}{2}at^2$

Aufgabe: Untersuche die Bewegung eines Modellautos.

Experimentieranordnung

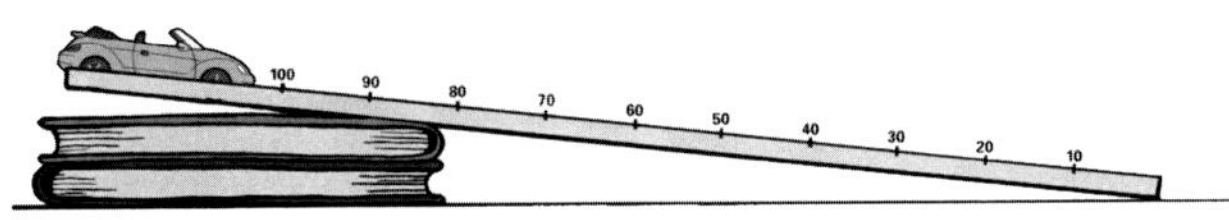

Hinweise

Runde die Messwerte der Zeit auf 2 Stellen nach dem Komma. Achte auf die Einheiten.

Durchführung und Messwerte

1. Wähle einen Experimentierpartner, der dir bei der Durchführung hilft.
2. Markiere auf der Schiene mit Kreide vom Fußpunkt aus in 20 cm, 30 cm, 40 cm usw. Entfernungen den Startpunkt des Autos.
3. Lege die Schiene auf 2 dünne Bücher und lass das Auto von jeder Markierung 3 Mal herunterfahren. Miss die Zeit und notiere sie in der Tabelle.

s in cm	20	30	40	50	60	70	80	90
t_1 in s								
t_2 in s								
t_3 in s								
t_m in s								
a in $\frac{m}{s^2}$								
v in $\frac{m}{s}$								

Auswertung

① Berechne den Mittelwert der Zeit t_m.

② Stelle eine geeignete Gleichung nach der Beschleunigung a um.

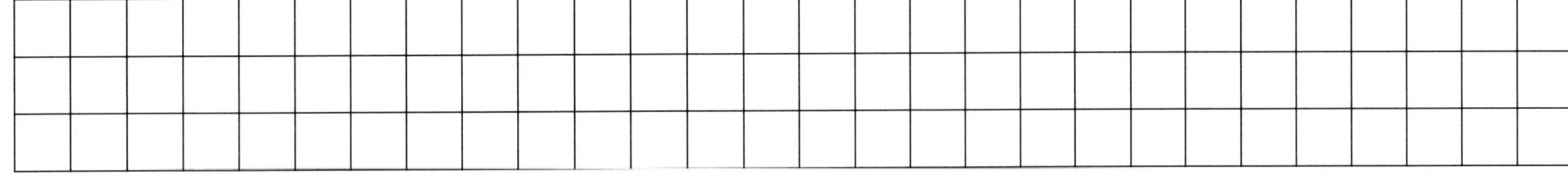

③ Berechne nun mit der umgestellten Gleichung für jeden Weg s die Beschleunigung a und notiere das Ergebnis in der Tabelle.

④ Berechne mit einer geeigneten Gleichung für jeden Weg s die Geschwindigkeit v des Autos. Notiere das Ergebnis in der Tabelle.

⑤ Stelle die Messwerte in 3 Diagrammen dar.

Weg–Zeit–Diagramm

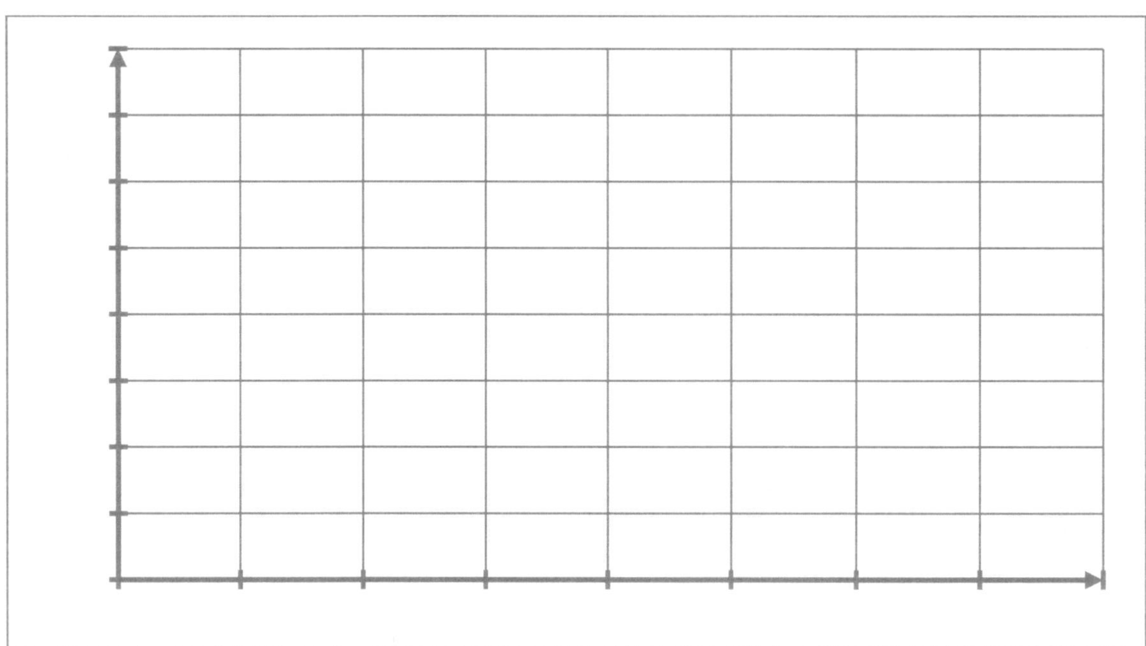

Geschwindigkeits–Zeit–Diagramm

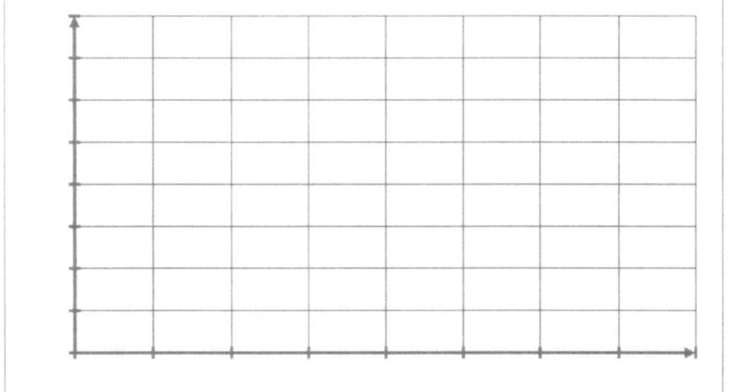

Beschleunigungs–Zeit–Diagramm

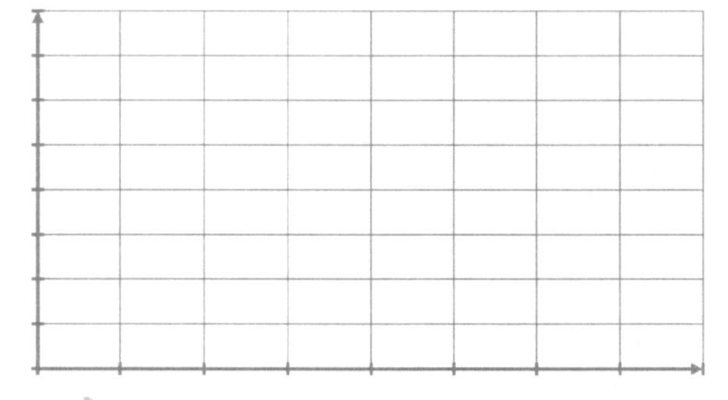

⑥ Schlussfolgere aus den Ergebnissen des Experimentes auf die Gefahren und nötigen Sicherheitsvorkehrungen eines Fahrzeuges bei einer Fahrt bergab.

Fehlerbetrachtung: Gib an, welche Messfehler aufgetreten sein könnten.

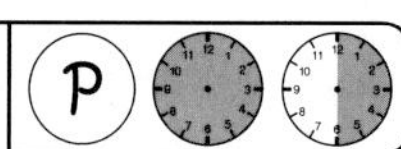

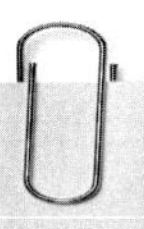

Geräte und Materialien

2 dünne Fäden (jeweils ca. 8 m lang)
Muttern, Perlen oder Knöpfe
Backofenblech, Brett oder Fliesenboden
Treppenhaus

Theoretische Grundlagen

Das ungehinderte Fallen eines Körpers aufgrund des Einwirkens der Schwerkraft nennt man freien Fall. Der freie Fall ist eine beschleunigte Bewegung, sodass $s = \frac{g}{2} t^2$ und $v = g \cdot t$ gilt. Die Fallbeschleunigung g beträgt 9,81 $\frac{m}{s^2}$.

Aufgabe: Untersuche die Gesetzmäßigkeiten des freien Falls mithilfe zweier Fallschnüre.

Experimentieranordnung

Fallschnur 1: Anordnung der Muttern erst berechnen

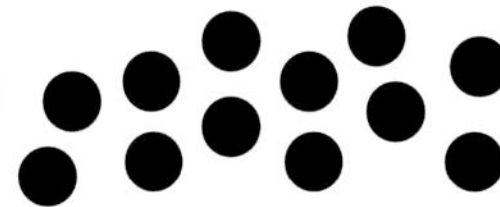

Fallschnur 2: gleichmäßige Anordnung der Muttern

Hinweise

Runde bei den Berechnungen auf 1 Stelle nach dem Komma. Verwende einen möglichst dünnen Faden. Miss bei der Fallschnur 1 immer vom Anfang des Fadens.

Durchführung und Messwerte

1. Berechne den Abstand der Muttern für die Fallschnur 1 mit der passenden Gleichung.

t in s	0,2	0,4	0,6	0,8	1,0	1,2	1,4
s in m							

2. Befestige nun an der Fallschnur 1 die Muttern in der berechneten Anordnung.
3. Lass nun nacheinander die Fallschnüre, wenn möglich in einem geschlossenen Raum (Treppenhaus), auf ein Backblech herunterfallen. Achte auf den Rhythmus des Aufschlages. Notiere deine Beobachtung.

   Fallschnur 1: ______________________

   Fallschnur 2: ______________________

Auswertung

① Zeichne das s-t-Diagramm der Fallschnur 1. Welcher Zusammenhang besteht zwischen den Größen?

____

____

____

____

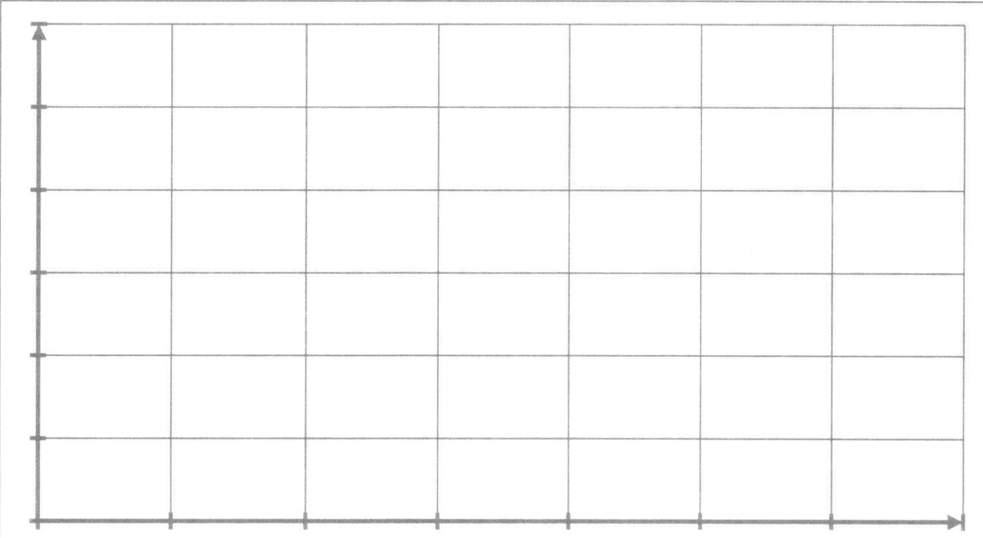

② Welcher Zusammenhang besteht zwischen dem Abstand der Muttern an der Schnur und dem Rhythmus des Aufschlagens der Muttern? Schlussfolgere auf den Fallweg s pro Sekunde, je länger ein Körper sich im freien Fall befindet.

____

____

____

____

③ Fasse deine Erkenntnisse zusammen und vervollständige den Lückentext.

Verdoppelt sich die Fallzeit t, so ______________ sich der Fallweg s. Verdreifacht sich die Fallzeit t, so ______________ sich der Fallweg. Zwischen dem Fallweg s und der Fallzeit t besteht ein ______________ Zusammenhang, kurz ______________. Das heißt in gleichen Zeiten wird der Fallweg s ______________.

④ Am 14. Oktober 2012 glückte dem Fallschirmspringer Felix Baumgartner ein Rekordsprung. Er sprang aus etwa 39 km Höhe aus einem Flugzeug auf die Erde. Wie schnell hätte er theoretisch werden müssen?

⑤ Tatsächlich erreichte er nur eine Geschwindigkeit von rund 1340 km/h. Woran liegt das?

____

____

Fehlerbetrachtung: Gib an, welche Messfehler aufgetreten sein könnten.

____

____

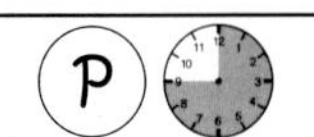

Geräte und Materialien

verschiedene Massestücke
1 langes Lineal
1 Drehpunkt
1 Federkraftmesser

Theoretische Grundlagen

Je länger der gewählte Kraftarm ist, umso weniger Kraft wird benötigt, um eine große Last zu heben. Diesen Zusammenhang drückt das Hebelgesetz aus: $F_1 \cdot l_1 = F_2 \cdot l_2$.

Aufgabe: Untersuche das Hebelgesetz.

Experimentieranordnung

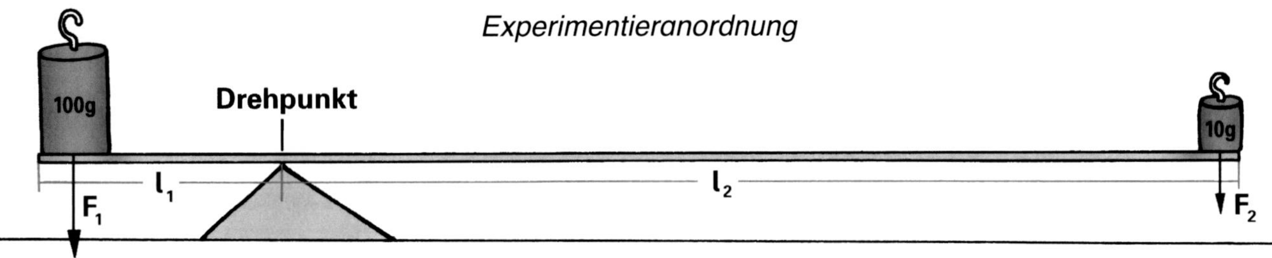

Hinweis

Bestimme von jeder Masse die wirkende Gewichtskraft. Gehe dabei davon aus, dass der Masse 100 g die Gewichtskraft von etwa 1 N entspricht.

Durchführung und Messwerte

1. Bau das Experiment entsprechend der Experimentieranordnung auf:
   Wähle ein kleines Massestück und ein größeres Massestück und befestige sie an den Enden des Lineals (evtl. mit Klebestreifen).
2. Verschiebe nun den Drehpunkt, sodass sich der Hebel im Gleichgewicht befindet.
3. Bestimme die Länge des Kraftarms und die Länge des Lastarms. Trage die Messwerte in die Tabelle ein. Wiederhole den Versuch mehrmals.

F_1 in N	F_2 in N	l_1 in cm	l_2 in cm	$F_1 \cdot l_1$	$F_2 \cdot l_2$

Auswertung

① Berechne die Produkte in den 2 letzten Spalten und vergleiche sie. Was stellst du fest?

② Von einem Hebel, der im Gleichgewicht ist, sind folgende Größen bekannt: $F_1 = 1$ N; $F_2 = 0{,}5$ N und $l_2 = 20$ cm. Wie lang ist der Kraftarm l_1?

③ Lege für einen Hebel den Drehpunkt und somit die Längen des Kraftarms und Lastarms fest, sodass du mit deiner Gewichtskraft eine 80 kg schwere Person heben könntest.

Fehlerbetrachtung: Gib an, welche Messfehler aufgetreten sein könnten.

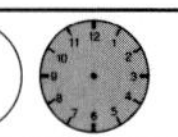

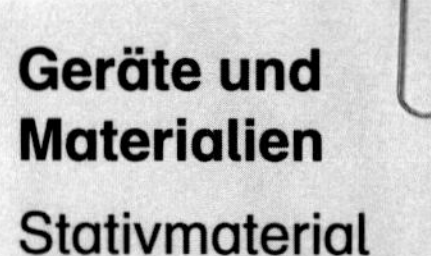

Geräte und Materialien

Stativmaterial
Rollen
Massestücke
1 Federkraftmesser
1 Lineal
1 langer Faden

Theoretische Grundlagen

Wir unterscheiden die lose und die feste Rolle. Sie gehören wie der Flaschenzug, die geneigte Ebene und der Hebel zu den Einrichtungen, mit denen zwar Kraft eingespart, jedoch ein größerer Weg zurückgelegt wird (Goldene Regel der Mechanik). Können wir tatsächlich mit Rollen mechanische Arbeit $W = F \cdot s$ einsparen?

Aufgabe: Untersuche, ob wir mit Rollen mechanische Arbeit einsparen.

Experimentieranordnung

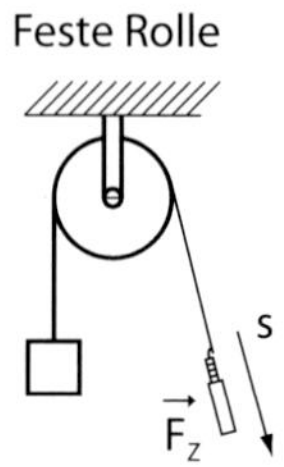

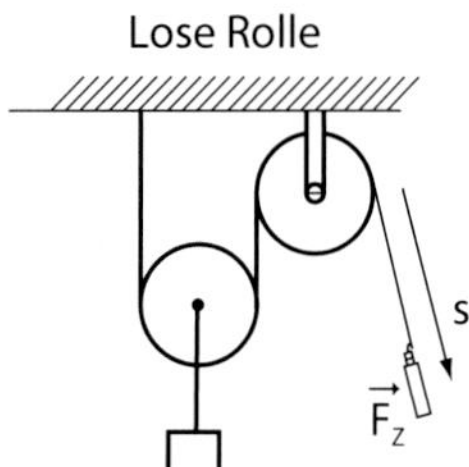

Hinweis

Verwende einen dünnen Faden, um Reibungsverluste zu verringern.

Durchführung und Messwerte

1. Baue das Experiment entsprechend der Experimentieranordnung auf.
2. Befestige die der Gewichtskraft F_G (siehe Tabelle) entsprechenden Massestücke an der Rolle und miss mit dem Federkraftmesser die Zugkraft F_{Zug}. Ergänze die Tabelle.
3. Hebe das Massestück 10 cm an (s_{Hub}) und miss den Zugweg (s_{Zug}), notiere den Messwert.
4. Wiederhole den Versuch für alle Gewichtskräfte und anschließend für die lose Rolle.

Messwerte feste Rolle (linke Spalte) und lose Rolle (rechte Spalte):

F_G in N		F_{Zug} in N		s_{Hub} in cm		s_{Zug} in cm		$F_G \cdot s_{Hub}$		$F_{Zug} \cdot s_{Zug}$	
0,5				10							
1,0				15							
1,5				10							
2,0				20							

Auswertung

① Berechne die Produkte in den zwei letzten Spalten und vergleiche sie. Wie sind die Ergebnisse zu erklären?

② Haben wir Kraft oder sogar mechanische Arbeit eingespart? Begründe deine Aussage.

③ Mithilfe einer losen Rolle soll eine Last von 500 N auf eine Höhe von 5 m gebracht werden. Wie groß ist die dazu erforderliche Kraft und wie lang ist der Zugweg?

Fehlerbetrachtung: Gib an, welche Messfehler aufgetreten sein könnten.

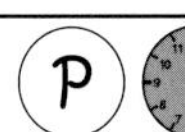

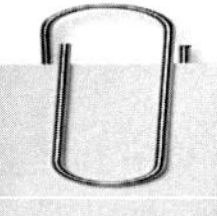

Geräte und Materialien

1 kleine Spritze
1 große Spritze
1 Verbindungsschlauch
1 drehbar gelagertes Rad oder ein größerer Plastikdeckel mit einer Nadel in der Mitte
Stativmaterial oder Legosteine

Theoretische Grundlagen

Hydraulische Anlagen bestehen aus unterschiedlich großen Pump- und Arbeitskolben. Aufgrund der unterschiedlich großen Flächen A_1 und A_2 wirken dort unterschiedlich starke Kräfte F_1 und F_2. Der Druck p ist jedoch überall gleich, sodass sich folgende Gleichung ergibt: $\frac{F_1}{A_1} = \frac{F_2}{A_2}$

Aufgabe: Baue eine Bremse für einen Reifen mit einer hydraulischen Anlage.

Experimentieranordnung

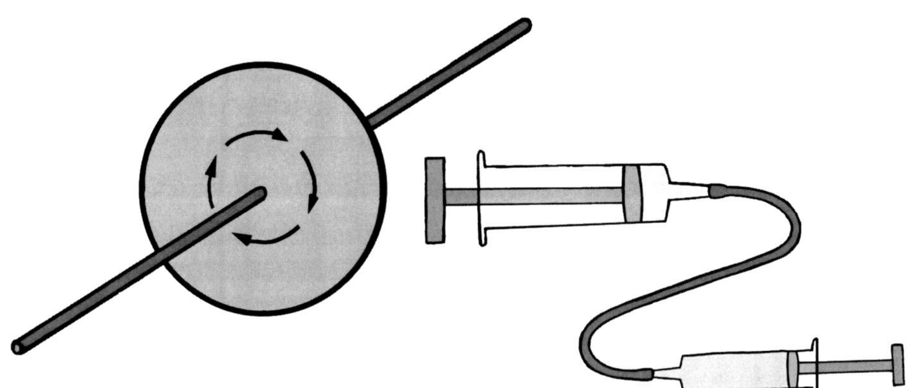

Hinweis

Mit einigem Geschick kannst du die Bremse auch mit Legosteinen bauen.

Durchführung

1. Baue aus den zwei Spritzen und dem Verbindungsschlauch eine hydraulische Anlage.
2. Befestige das Rad drehbar. Konstruiere aus dem Stativmaterial oder den Legosteinen eine Halterung für die hydraulische Anlage deiner Bremse.
3. Befestige zuerst den großen Kolben am Rad, den kleinen Kolben als Pedal für den Fuß.
4. Teste deine hydraulische Bremse mehrfach und beobachte genau.
5. Nun vertausche die Kolben, sodass der kleine Kolben am Rad, der große Kolben als Pedal für den Fuß befestigt ist. Teste wieder.

Auswertung

① Welche Unterschiede zwischen beiden Konstruktionen fallen dir auf?

___

___

___

② Welche Konstruktion würdest du für eine Autobremse vorschlagen? Begründe deine Aussage.

___

___

Versuch 9  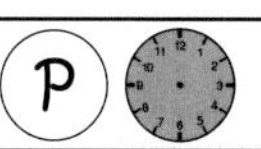

③ Überprüfe deine Aussage rechnerisch. Gehe dabei schrittweise vor:

- Bestimme die Durchmesser der beiden Kolben und berechne dann die Kolbenfläche mit der Formel $A = \frac{3{,}14 \cdot d^2}{4}$.

  d_1 = ____________ d_2 = ____________

  A_1 = ____________ A_2 = ____________

- Angenommen du betätigst den Kolben mit einer Kraft von 5 N. Berechne für beide Konstruktionen die Kraft, die am Kolben des Rades wirkt.

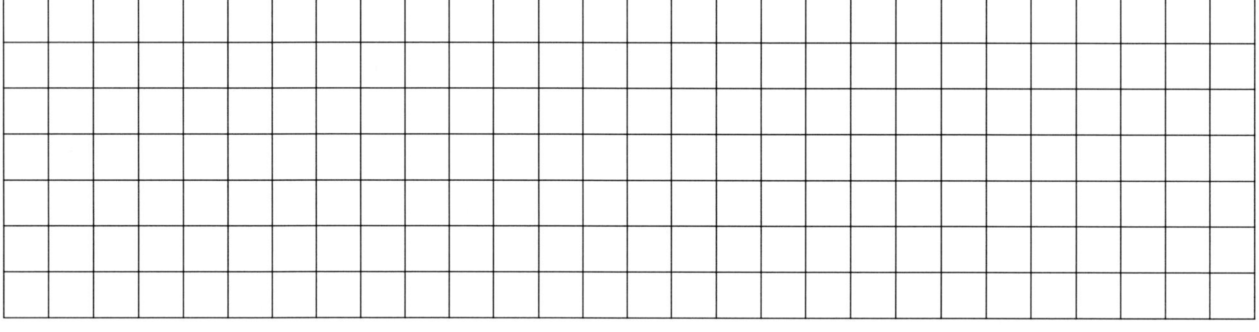

- Vergleiche die wirkende Kraft des großen und kleinen Kolbens am Rad. Stimmen die berechneten Werte mit deiner Auswertung des Versuchs überein?

____

____

④ Finde weitere Beispiele für die Verwendung von hydraulischen Anlagen.

____

⑤ Veröffentlichter Testbericht über Fahrradbremsen im Internet.

> Es heißt langsam Abschied nehmen von den bewährten Seilzugbremsen. Heute sind bei anspruchsvollen Fahrrädern hydraulische Bremsen weit verbreitet. Sie verfügen über eine gute Bremswirkung und sind sehr wartungsarm. Jedoch treten häufig Schleifgeräusche auf, da zwischen Bremsbelag und Felge nur ein minimaler Freiraum besteht.
>
> März 2015

Weshalb kann der Freiraum zwischen Bremsbelag und Felge nicht vergrößert werden? Gehe bei deiner Begründung auch auf die Goldene Regel der Mechanik ein.

____

____

____

____

Fehlerbetrachtung: Gib an, welche Messfehler aufgetreten sein könnten.

____

____

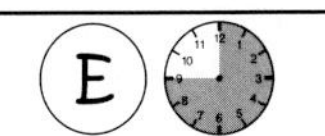

Geräte und Materialien

3 gleich große Gläser mit Deckel
Eiswürfel
kaltes und heißes Wasser

Theoretische Grundlagen

Der Wasserdampfgehalt der Luft, kurz die Luftfeuchtigkeit, ist von der Lufttemperatur abhängig. 20 °C warme Luft kann beispielsweise 17,3 $\frac{g}{m^3}$ Wasser aufnehmen, 10 °C kühle Luft nur 9,4 $\frac{g}{m^3}$.
Die relative Luftfeuchtigkeit gibt an, um wie viel Prozent die Luft mit Wasserdampf gesättigt ist. Bei 100 % beginnt das Wasser in der Luft zu kondensieren.

Aufgabe: Untersuche, wie sich Trinkwasser aus der Luft bilden kann.

Experimentieranordnung

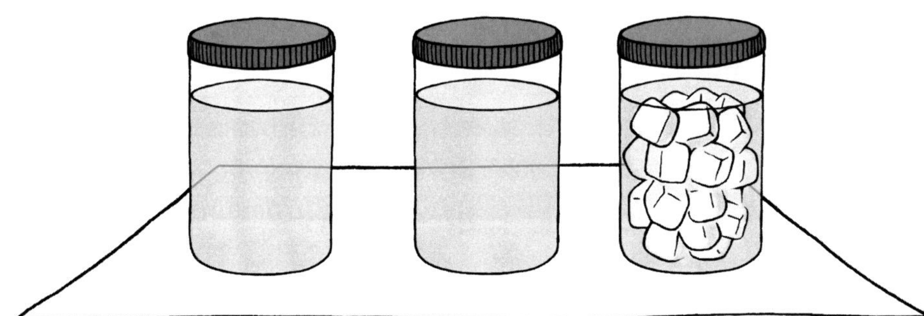

Hinweis

Verschließe die Gläser, damit kein Wasser aus dem Inneren der Gläser nach außen gelangen kann.

Durchführung und Messwerte

1. Fülle in ein Glas heißes und in ein Glas kaltes Wasser. In das dritte Glas lege die Eiswürfel und fülle es mit kaltem Wasser auf.
2. Verschließe alle drei Gläser und stelle sie auf ein Platt Papier.
3. Beobachte und notiere nach jeweils 5 Minuten deine Beobachtung.

Zeit in min	Glas mit heißem Wasser	Glas mit kaltem Wasser	Glas mit Eiswasser
5			
10			
15			
20			
25			

Auswertung

① Erkläre deine Beobachtung. Verwende dazu folgende Wörter:
Kondensieren *Temperatur* *Luftfeuchtigkeit* *Wasserdampf*

② Erkläre mit deinen Erkenntnissen aus dem Experiment, weshalb Brillengläser beim Betreten eines warmen Raumes von draußen im Winter beschlagen und im Sommer klar bleiben.

③ Die Gewinnung von Trinkwasser aus der Luft ist für Menschen in der Wüste von großer Bedeutung. Informiere dich und skizziere eine mögliche Vorrichtung.

Fehlerbetrachtung: Gib an, welche Messfehler aufgetreten sein könnten.

Kocht ein Schnellkochtopf schneller? (1)

Versuch 11 ✶ ✶ 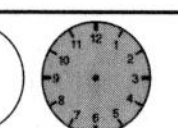

Geräte und Materialien

1 mittlere Einwegspritze
1 Tasse heißes Wasser
Heizplatte oder Wasserkocher

Theoretische Grundlagen

Beim Sieden (umgangssprachlich „kochen") geht eine Flüssigkeit vom flüssigen in den gasförmigen Zustand über. Im Vergleich zum Verdunsten erfolgt die Aggregatzustandsänderung bei einer bestimmten Siedetemperatur (Wasser: 100 °C bei NN) in der gesamten Flüssigkeit. Ist der die Flüssigkeit umgebende Druck (Luftdruck) geringer als der Dampfdruck, bilden sich schon unterhalb der Siedetemperatur die Dampfblasen.

Aufgabe: Untersuche den Zusammenhang zwischen Siedetemperatur und dem Druck über der Flüssigkeit.

Experimentieranordnung

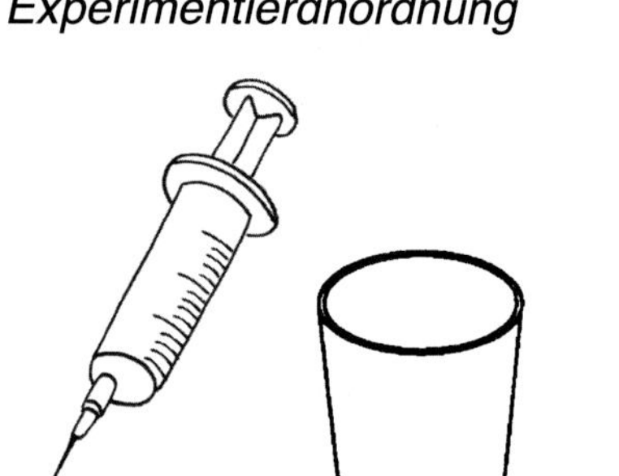

Hinweis

Bei großen Spritzen (15 cm und größer) besteht erhöhte Verbrennungsgefahr und es ist ein sehr großer Kraftaufwand nötig.

Durchführung

1. Erhitze Wasser und fülle es, kurz bevor es siedet, in eine Tasse. Vorsicht! Verbrennungsgefahr!
2. Ziehe mit der Spritze heißes Wasser aus der Tasse so auf, dass die Spritze zu einem Drittel gefüllt ist.
3. Halte die Spritze senkrecht und drücke den Kolben hinein, sodass die Luft aus der Spritze vollständig entweicht.
4. Verschließe nun die Spritze vorn an der Öffnung mit dem Daumen und ziehe den Kolben heraus.
5. Beobachte die Flüssigkeit in der Spritze. Lass den Kolben etwas locker und beobachte.

Auswertung

① Notiere deine Beobachtung.

____

____

____

② Vervollständige folgenden Lückentext.

Das heiße Wasser in der Spritze hat bei ______________ Luftdruck eine Siedetemperatur von ________ °C. Beim Herausziehen des Kolbens wird der Druck über der Flüssigkeit ______________. Dadurch ______________ die Siedetemperatur und das Wasser siedet ______________ 100 °C.

③ Fasse deine Erkenntnisse zusammen.

Je kleiner der Druck über der Flüssigkeit, umso ______________ die Siedetemperatur des Wassers.

Je größer der Druck über der Flüssigkeit, umso ______________ die Siedetemperatur des Wassers.

④ Schlussfolgere auf das Kochen mit einem Schnellkochtopf. Kreuze richtige Antworten an:

- ☐ Wasser siedet in Schnellkochtöpfen und anderen Töpfen bei der gleichen Temperatur.
- ☐ Die Höhe der Siedetemperatur beeinflusst die Länge der Kochzeit.
- ☐ Im Schnellkochtopf kochen die Speisen bei einem hohen Druck.
- ☐ Im Schnellkochtopf siedet das Wasser bei einer Temperatur unter 100 °C.
- ☐ Die Speisen werden im Schnellkochtopf schneller gar, da die Temperatur so hoch ist.
- ☐ Die Siedetemperatur aller Flüssigkeiten hängt vom umgebenden Druck ab.

⑤ Denis Papin erfand den Dampfdrucktopf, heute wird er Schnellkochtopf genannt. Jedoch explodierten seine Töpfe zu Beginn regelmäßig. Warum waren sie erst so gefährlich? Wie schaffte er es, den Dampfdrucktopf so zu bauen, dass die Benutzung sicherer wurde? Recherchiere selbstständig.

____

____

____

____

⑥ Ernie behauptet, dass Bergsteiger auf dem Gipfel eines Berges zum Garen ihrer Kartoffeln länger brauchen. Bert meint, das Garen geht schneller, da das Wasser auf dem Berg schon bei ungefähr 80 °C siedet.
Was meinst du dazu?

____

____

____

Fehlerbetrachtung: Gib an, welche Messfehler aufgetreten sein könnten.

____

____

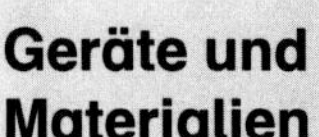

Geräte und Materialien

Eiswürfel/
Im Winter: Schnee
Salz
1 Schüssel
1 Thermometer
1 Holzlöffel

Theoretische Grundlagen

Beim Schmelzen geht ein fester Körper bei einer bestimmten Temperatur, der Schmelztemperatur, in den flüssigen Aggregatzustand über. Dieser Vorgang verläuft unter Wärmezufuhr.
Die Schmelztemperatur von Eis beträgt 0 °C, von Salzwasser –21 °C.

Aufgabe: Stelle ein Kältemischung her.

Experimentieranordnung

Hinweise

Falls das Eis zu hart ist, kannst du auch ein wenig kaltes Wasser dazu mischen. Füge das Salz löffelweise hinzu und verrühre es gut in der Mischung.

Durchführung und Messwerte

1. Zerkleinere die Eiswürfel oder nimm, falls es möglich ist, Schnee.
2. Miss die Temperatur des zerkleinerten Eises und notiere sie.
3. Füge nun etwas Salz hinzu und rühre um. Miss nun wieder die Temperatur und notiere sie.
4. Wiederhole 3. Warte, bis deine Mischung die tiefste Temperatur erreicht hat.

Temperatur Eis = ______ Temperatur Eis und Salz = ______ tiefste Temperatur = ______

Auswertung

① Kreuze wahre Aussagen an: Das Eis wird flüssig, …

- ☐ … weil das Salz sehr stark wasserlöslich ist und sich so Salzwasser bildet.
- ☐ … weil die Schmelztemperatur von Salzwasser niedriger als die von Wasser ist.
- ☐ … weil das Lösen des Salzes nur durch das Schmelzen des Eises möglich ist.
- ☐ … weil die Umgebungstemperatur über 0 °C liegt.

② Steht der Versuch im Widerspruch zur Theorie, dass das Schmelzen unter Wärmezufuhr erfolgt? Was meinst du dazu? Begründe deine Aussage.

③ Heidi behauptet, dass sie ohne einen Kühlschrank das Wasser in ihrem alten porösen Tontopf auch im Sommer abkühlen kann. Wie ist das möglich?

④ Plane ein Experiment, mit dem du Heidis Behauptung nachweisen kannst.

Fehlerbetrachtung: Gib an, welche Messfehler aufgetreten sein könnten.

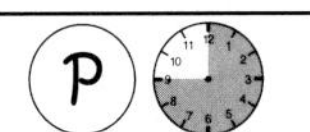

1 großes Gefäß
1 Messbecher
1 Thermometer
1 Rührer

Theoretische Grundlagen

Wir unterscheiden drei Arten von Wärmeübertragungen: Wärmeleitung in festen Körpern, Wärmeströmung in Flüssigkeiten und Gasen und Wärmestrahlung in der Luft oder im Vakuum. Alle Wärmeübertragungen haben gemeinsam, dass stets Wärme von einem heißeren Körper auf einen kälteren übertragen wird.

Aufgabe: Untersuche die Wärmeübertragung zwischen warmem und kaltem Wasser.

Experimentieranordnung

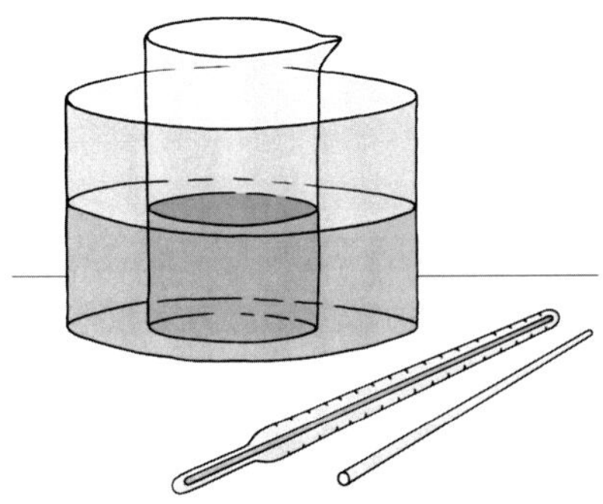

Hinweise

Vorsicht! Es besteht Verbrühungsgefahr.
Um unerwünschte Wärmeübertragungen zu verringern, kannst du das äußere Gefäß isolieren.

Durchführung und Messwerte

1. Fülle ein Messbecher mit 200 ml heißem Wasser. Bereite ein größeres Gefäß mit kaltem Wasser vor. Achte darauf, es so zu füllen, dass du den Messbecher noch hineinstellen kannst.
2. Miss die Temperaturen beider Wassermengen, trage sie in die Tabelle zur Zeit t = 0 min ein.
3. Stelle nun beide Gefäße ineinander und miss in Abständen von einer Minute die Temperatur beider Wassermengen. Trage die Werte in die Tabelle ein. Beende die Messungen, wenn die Temperaturänderung sehr gering wird.

t in min	0	1	2	3	4	5
ϑ_h in °C						
ϑ_k in °C						

Auswertung

① Stelle die Werte in einem ϑ-t-Diagramm grafisch dar. Benutze für die beiden Flüssigkeiten verschiedene Farben.

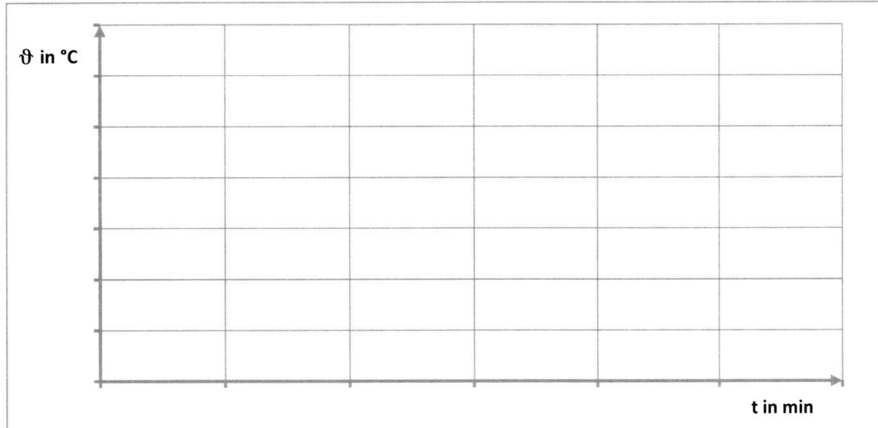

② Beschreibe in Worten, wie sich die Temperatur der beiden Flüssigkeiten ändert und schlussfolgere auf die Wärmeübertragungen. Vergleiche dabei die abgegebene und aufgenommene Wärmemenge.

___

___

___

___

③ In einem Magazin für junge Mütter ist folgender Artikel erschienen.

In Sekundenschnelle das wohltemperierte Fläschchen

Alle jungen Muttis kennen die Situation: Das Baby schreit, es hat Hunger. Das Wasser für die Milch muss jedoch erst abgekocht werden und ist dann zu heiß. Abhilfe bringt nun der schnelle Fläschchenkühler. Er ist gefüllt mit kaltem Wasser aus dem Kühlschrank und das abgekochte heiße Wasser lässt man einfach durch die Spiralleitung im Inneren des Abkühlers von oben nach unten durchlaufen. Innerhalb weniger Sekunden hat das Wasser für das Fläschchen die richtige Temperatur und das Baby ist zufrieden.

Beschreibe in deinem Heft die Funktionsweise des Fläschchenkühlers und gehe dabei auf die Wärmeübertragungen ein.
Welchen Vorteil bietet die Verwendung eines spiralförmigen Rohres im Inneren? Kreuze wahre Aussagen an:

- ☐ Die Oberfläche der Wärmeübertragung wird dadurch vergrößert.
- ☐ Die Durchlaufzeit wird verlängert.
- ☐ Das heiße Wasser läuft problemlos durch die günstige Neigung der Spirale .
- ☐ Durch das Hindurchlaufen des Wassers wird das Wasser ständig gemischt und dadurch mehr Wärme übertragen.
- ☐ Durch die Isolierung des Rohres wird das Wasser nicht ganz kalt.

Warum sollte der Fläschchenkühler nach Benutzung wieder in den Kühlschrank gestellt werden?

___

___

④ Recherchiere selbstständig weitere Beispiele, in denen Geräte mit Wasser gekühlt werden.

Fehlerbetrachtung: Gib an, welche Messfehler aufgetreten sein könnten.

___

Geräte und Materialien

1 Messbecher
1 Heizplatte
1 Thermometer
1 Rührer
1 Stoppuhr
200 g Öl

Theoretische Grundlagen

Die spezifische Wärmekapazität ist eine Eigenschaft der Stoffe. Sie gibt an, wie viel Wärme 1 kg des Stoffes beim Erwärmen bzw. beim Abkühlen um 1 K aufnimmt bzw. abgibt. Die Einheit ist 1 $\frac{kJ}{kg \cdot K}$.

Wasser hat eine sehr hohe spezifische Wärmekapazität.

Aufgabe: Bestimme die spezifische Wärmekapazität von Öl.

Experimentieranordnung

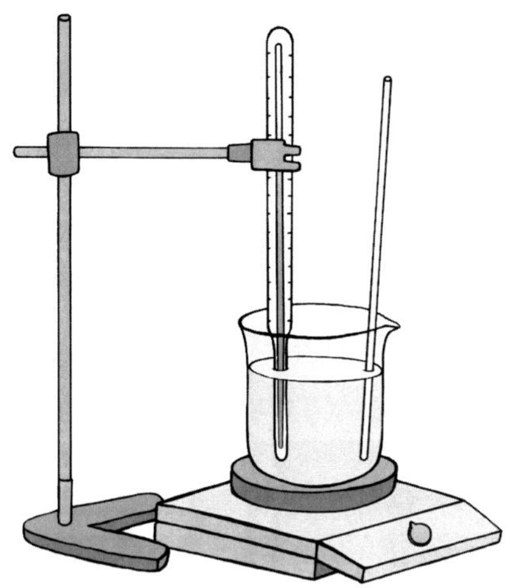

Hinweise

Berechne die Temperaturdifferenz immer zur Ausgangstemperatur. Du kannst vor diesem Experiment die von der Heizplatte in einer Minute abgegebene Wärme ermitteln. Führe dann das Experiment mehrmals durch und berechne den Mittelwert.

Durchführung und Messwerte

1. Baue die Geräte nach der Experimentieranordnung auf.
2. Fülle in ein Messbecher 200 g Öl. Miss die Temperatur des Öls und trage sie in die Tabelle bei t = 0 s ein.
3. Schalte nun die Heizplatte ein, warte noch ca. eine Minute und stelle nun den Messbecher darauf.
4. Miss alle 60 s die Temperatur des Öls, höchstens bis ca. 80 °C. Trage die Werte in die Tabelle ein.

Zeit t in min	ϑ in °C	ΔT in K	Q in kJ der Heizplatte	c in $\frac{kJ}{kg \cdot K}$
0				
1				
2				
3				
4				
5				
6				
7				
8				

Auswertung

① Berechne jeweils die Temperaturdifferenz zwischen Ausgangstemperatur t_0 und der Temperatur zu einem bestimmten Zeitpunkt.

② Berechne in der vierten Spalte die von der Heizplatte abgegebene Wärme mit der Formel $Q = P \cdot t$. ($P = 1{,}57$ kJ/min).
Falls du in einem Experiment die abgegebene Wärme der Heizplatte ermittelt hast, vervielfache deinen ermittelten Wert entsprechend der Zeit.

③ Stelle die Grundgleichung der Wärmelehre $Q = m \cdot c \cdot \Delta T$ nach c um und berechne jeweils die spezifische Wärmekapazität des Öls. Trage das Ergebnis in die fünfte Spalte ein.

④ Bilde den Mittelwert der spezifischen Wärmekapazität des Öls und vervollständige:

Um 1 Kilogramm Öl um _______ Kelvin zu erwärmen ist eine Wärme von _______ notwendig.

⑤ Stelle die Werte in dem ΔT-Q-Diagramm grafisch dar.

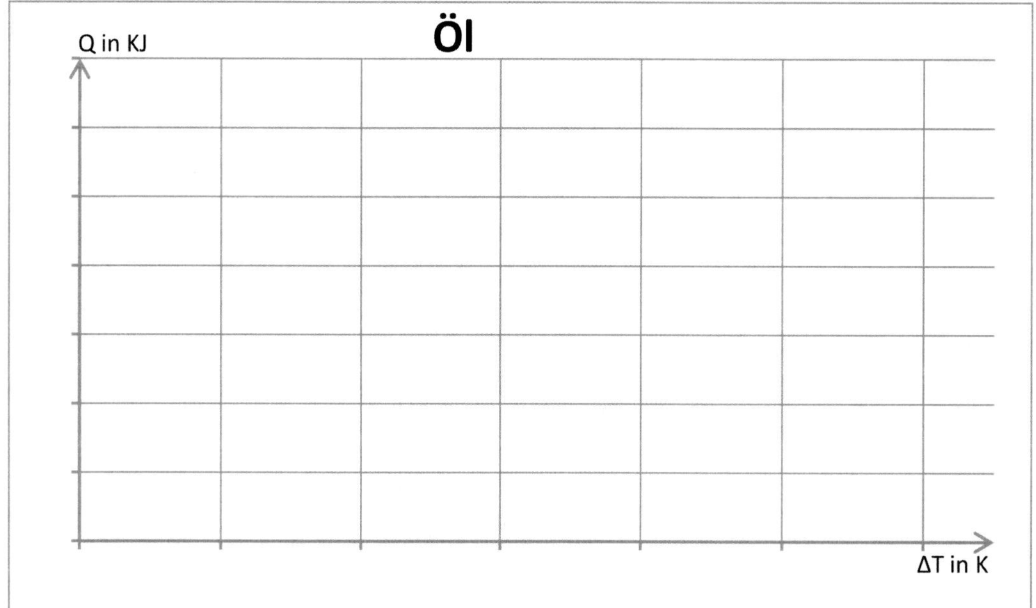

⑥ Beschreibe die Kurve in deinem Heft und gib den Zusammenhang zwischen den Größen an.

⑦ Untersuche die Proportionalität zwischen den Größen, indem du die Quotientengleichheit überprüfst.

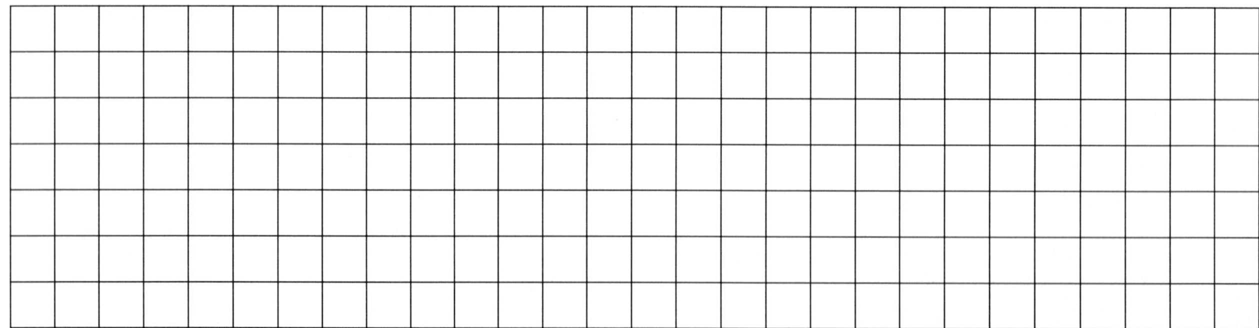

Fehlerbetrachtung: Gib an, welche Messfehler aufgetreten sein könnten.

Geräte und Materialien

1 Erlenmeyerkolben oder vergleichbares verschließbares Glasgefäß
Stopfen mit Loch
Stativ und Muffe
1 Thermometer
schwarze Temprafarbe
Waage
Wasser
Sonne

Theoretische Grundlagen

Die Solarkonstante S beschreibt die Intensität der Sonneneinstrahlung auf eine Fläche senkrecht zur Einstrahlung. Sie ist ein langjährig ermittelter Mittelwert für den mittleren Abstand der Erde zur Sonne, wobei der Einfluss der Atmosphäre unberücksichtigt bleibt.

Er wird mit 1370 $\frac{W}{m^2}$ angegeben.

Aufgabe: Bestimme die Solarkonstante in deinem Wohnort an einem sonnigen Tag.

Experimentieranordnung

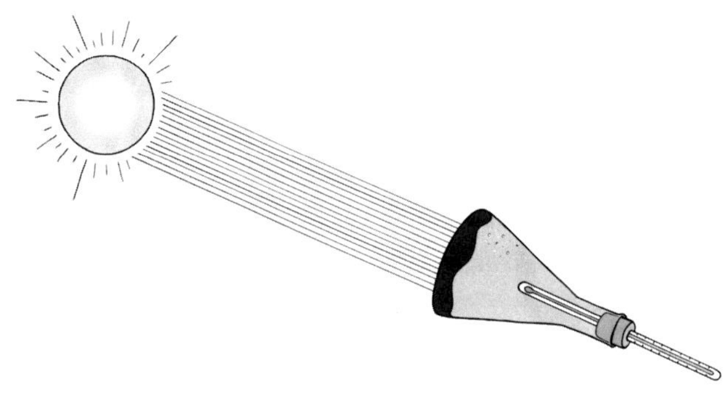

Hinweis

Der Erlenmeyerkolben sollte möglichst senkrecht zur Sonneneinstrahlung ausgerichtet werden.

Formelsammlung:

$Q = m \cdot c \cdot \Delta T$; $\Delta T = |\vartheta_A - \vartheta_E|$;

$A = \pi \cdot r^2$;

$P = \frac{W}{t} = \frac{\Delta E}{t}$; $S = \frac{P}{A}$

Durchführung und Messwerte

1. Miss den Durchmesser der Bodenfläche des Erlenmeyerkolbens. Notiere deinen Messwert.
2. Bedecke den Boden des Kolbens von außen mit schwarzer Temprafarbe und lass ihn trocknen.
3. Fülle den Kolben vollständig mit Wasser.
4. Stecke das Thermometer durch den Stopfen und den Stopfen in den Erlenmeyerkolben.
5. Lies die Anfangstemperatur ab und notiere sie.
6. Befestige den Kolben mithilfe der Muffe so am Stativ, dass die Bodenfläche schräg aufgerichtet ist und zur Sonne zeigt.
7. Beginne mit der Zeitmessung und notiere nach 10 Minuten die Endtemperatur.
8. Baue den Kolben ab und miss die Masse des Wassers.

Durchmesser des Kolbens: d = ____________ r = ____________

Anfangstemperatur: ϑ_A = ________ °C Endtemperatur: ϑ_E = ________ °C

Temperaturdifferenz: ΔT = ________ K

Masse des Wassers: m = ________ kg Zeit: t = 10 min = ________ s

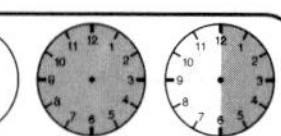

Auswertung

① Berechne die Wärme Q, die das Wasser aufgenommen hat.

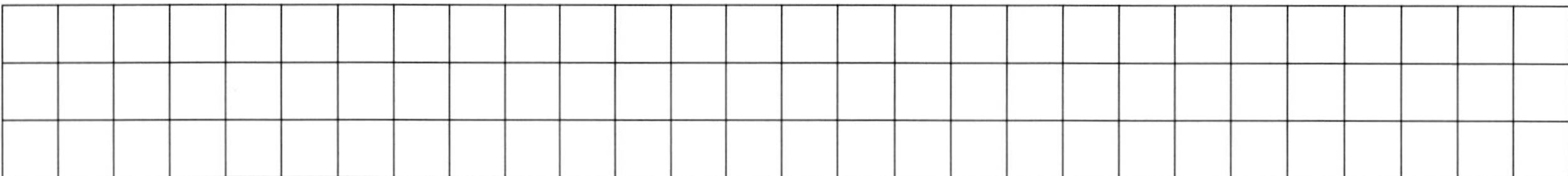

② Berechne mithilfe der Zeit t die Leistung P der Sonnenstrahlung.

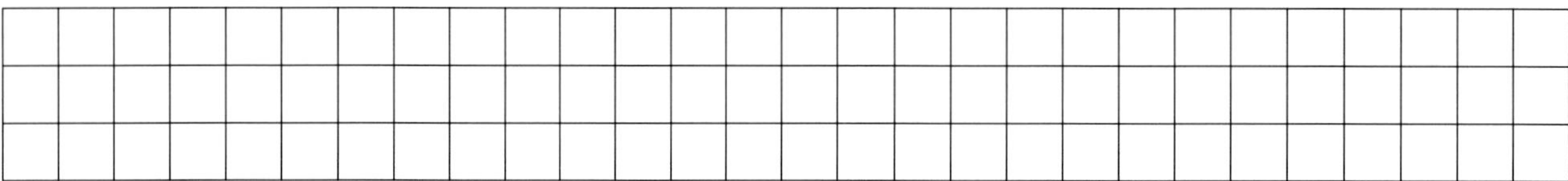

③ Berechne den Flächeninhalt A der bestrahlten Fläche.

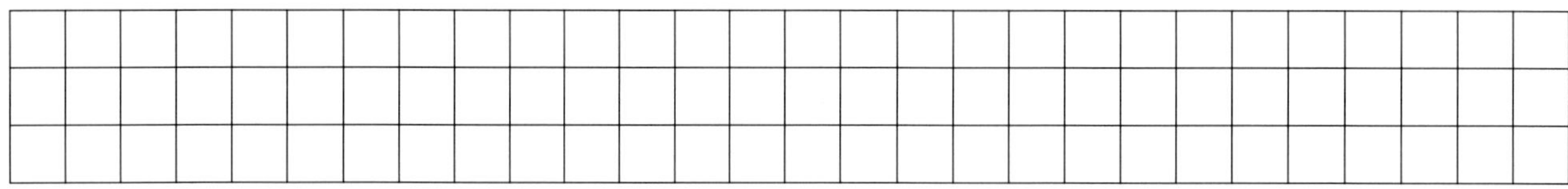

④ Berechne nun die Solarkonstante S und gib sie in $\frac{W}{m^2}$ und in $\frac{kW}{m^2}$ an.

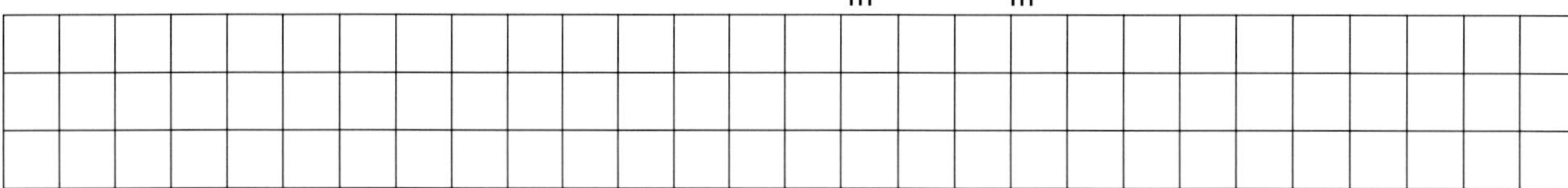

⑤ Vergleiche dein Ergebnis mit dem langjährig ermittelten Mittelwert. Deute dein Ergebnis.

___

___

⑥ Warum habt ihr den Boden geschwärzt?

___

___

⑦ In einer Diskussion über Solaranlagen wurden verschiedene Argumente zusammengetragen. Ordne sie nach Pro- und Contra-Argumenten. Wie ist deine Meinung?

Fossile Brennstoffe geben an die Umwelt Kohlendioxid ab.	Auf der Erde kommt Silizium sehr häufig vor.	Ohne Kohle- und Kernkraftwerke steht zu wenig Energie zur Verfügung.
Für eine kontinuierliche Versorgung mit Solarenergie ist eine effektive Speichertechnologie erforderlich.	Für die Herstellung von Solarzellen wird viel Energie benötigt.	Die Übertragungswege sind bei der Versorgung der Haushalte mit Solarenergie sehr kurz.

Fehlerbetrachtung: Gib an, welche Messfehler aufgetreten sein könnten.

___

___

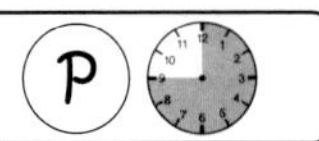

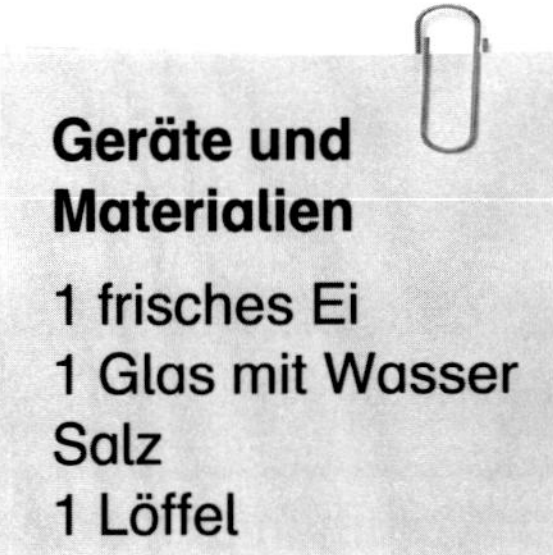

Geräte und Materialien

1 frisches Ei
1 Glas mit Wasser
Salz
1 Löffel

Theoretische Grundlagen

Das Sinken, Schweben, Steigen oder Schwimmen eines Körpers mit einer bestimmten Gewichtskraft hängt von der Größe der Auftriebskraft ab, also von der Gewichtskraft der verdrängten Flüssigkeit. Die Gewichtskraft der verdrängten Flüssigkeit ist von der Dichte der Flüssigkeit abhängig.

Aufgabe: Verändere die Dichte des Wassers, sodass ein Ei darin schwebt.

Experimentieranordnung

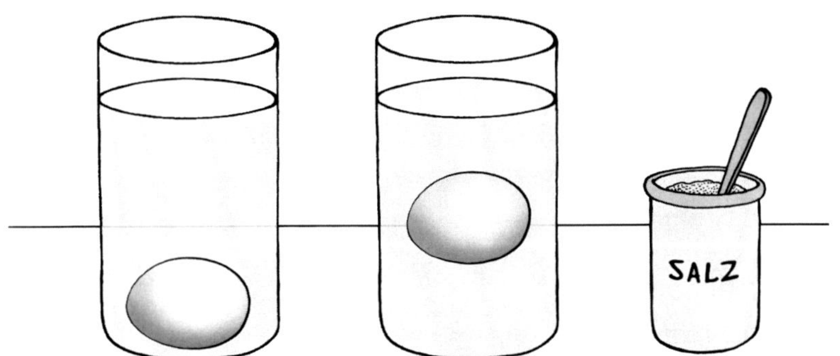

Hinweis

Für diesen Versuch wird ein frisches Ei benötigt, welches nach unten sinkt. Ein altes Ei schwimmt an der Oberfläche.

Durchführung

1. Überprüfe zuerst, ob das Ei in dem Glas Wasser nach unten sinkt.
2. Nimm das Ei mit einem Löffel heraus und gib 4–5 Teelöffel Salz in das Wasser.
3. Rühre um, bis sich das Salz gelöst hat und lege das Ei hinein.
4. Falls das Ei sinkt, schütte noch 1 Teelöffel Salz dazu. Falls das Ei schwimmt, gieße vorsichtig ein wenig Wasser hinzu.

Auswertung

① Beschreibe deine Beobachtung.

② Vervollständige folgenden Lückentext.

Durch das Hinzufügen von Salz ins Wasser wurde die Dichte ________________. Das vom Ei verdrängte Volumen ist ________________, jedoch hat es nun eine ________________ Masse und ________________ Gewichtskraft. Folglich ist auch die ________________________ größer.

③ In einem Reisemagazin von Israel und dem Toten Meer liest Alexandra „Schweben im Wasser ist möglich – untergehen unmöglich!“ Deute diese Aussage. Recherchiere selbstständig.

④ Fische können die Dichte der Flüssigkeit, in der sie schwimmen, nicht verändern. Dennoch erreichen sie verschiedene Wassertiefen, indem sie sinken, schweben oder steigen. Durch welches Körperteil ist dies möglich?

⑤ Skizziere die Veränderung des Körperbaus eines sinkenden und eines steigenden Fisches.

Fehlerbetrachtung: Gib an, welche Messfehler aufgetreten sein könnten.

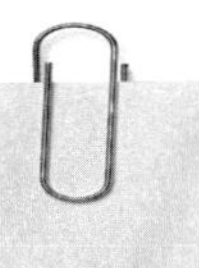

Geräte und Materialien

Knete
1 Holzwürfel, kleiner Ball o. ä.
1 großes Glas mit Wasser
1 Federkraftmesser
1 Waage

Theoretische Grundlagen

Nach dem Gesetz von Archimedes ist die Gewichtskraft der verdrängten Flüssigkeit genauso groß wie die Auftriebskraft eines Körpers. Daraus folgt, dass die Auftriebskraft umso größer ist, umso mehr Flüssigkeit verdrängt wird. Haben zwei Körper die gleiche Masse aber unterschiedliche Auftriebskraft, so muss ihr Volumen und damit auch ihre Dichte verschieden sein.

Aufgabe: Führe dem König von Syrakus ein Experiment von Archimedes vor, um zu beweisen, dass die Krone nicht aus purem Gold ist.

Experimentieranordnung

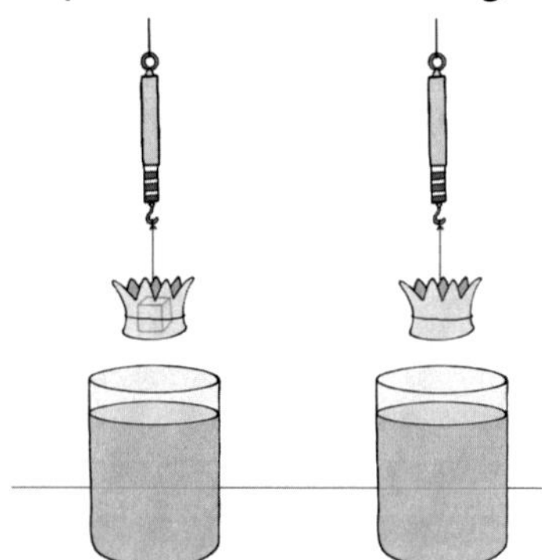

Hinweis

Achtung! Knete verwenden, die sinkt, deren Dichte also größer als $1 \frac{g}{cm^3}$ ist.

Durchführung und Messwerte

1. Forme aus einem Teil der Knete mit dem Holzwürfel zusammen eine Krone und bestimme die Masse der Holz-Knete-Krone.
2. Befestige die Krone an einem Federkraftmesser und bestimme die Gewichtskraft F_G. Tauche nun die Krone in das Wasserglas und bestimme die Gewichtskraft im Wasser $F_{GWasser}$. Berechne die Auftriebskraft F_A, indem du die Differenz $F_G - F_{GWasser}$ berechnest. Notiere die Ergebnisse.

   $F_G =$ ________ $F_{GWasser} =$ ________ $F_A = F_G - F_{GWasser} =$ ________

3. Nimm einen zweiten Klumpen Knete mit der gleichen Masse wie die Holz-Knete-Krone.
4. Forme daraus auch eine Krone.
5. Befestige die Kronen ebenfalls an dem Federkraftmesser und bestimme ebenfalls die Auftriebskraft wie in 2.

   $F_G =$ ________ $F_{GWasser} =$ ________ $F_A = F_G - F_{GWasser} =$ ________

Auswertung

① Vergleiche die Auftriebskraft der Holz-Knete-Krone mit der Auftriebskraft der reinen Knete-Krone.

② Schreibe dem König einen Brief, in dem du ihm die Erkenntnisse aus dem Experiment erklärst. Benutze folgende Begriffe: *Auftrieb* *Volumen* *Masse* *Dichte*

Fehlerbetrachtung: Gib an, welche Messfehler aufgetreten sein könnten.

____

____

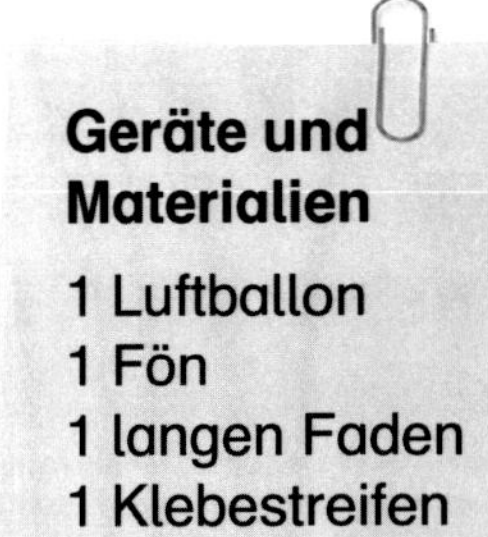

Theoretische Grundlagen

Je größer die Strömungsgeschwindigkeit eines Gases oder einer Flüssigkeit, desto kleiner ist der senkrecht dazu gemessene Druck. Die daraus resultierende Auftriebskraft lässt zum Beispiel Flugzeuge steigen, sinken oder fliegen.

Aufgabe: Untersuche das Steigverhalten eines Luftballons.

Experimentieranordnung

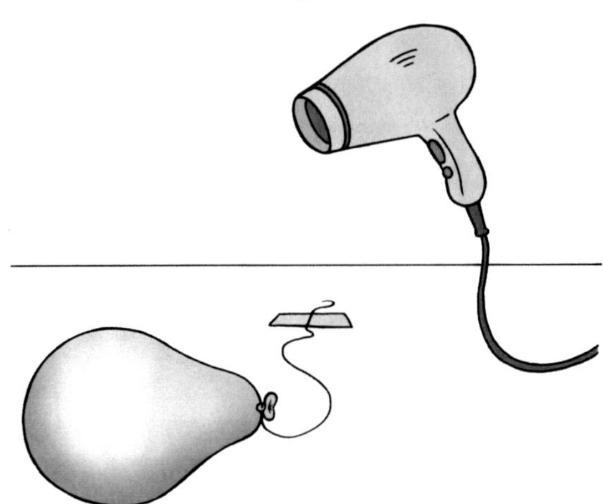

Hinweis

Der Faden, mit dem du den Luftballon auf der Tischplatte befestigst, sollte ca. 1 m lang sein.

Durchführung

1. Übernimm die Tabelle und notiere deine Vermutung zu der Bewegung des Ballons.
2. Puste einen Luftballon auf und verschließe ihn fest.
3. Befestige an dem Ballon eine Schnur und klebe sie mit einem Klebestreifen auf dem Tisch fest.
4. Halte den Fön entsprechend der Vorgabe in der linken Tabellenspalte und beobachte den Ballon.
5. Bewege den Fön so, dass der Ballon sich auf und nieder bewegt.

Auswertung

① Notiere in der Tabelle jeweils deine Beobachtung.

Fön-Position	Vermutung	Beobachtung
Fön senkrecht von oben		
Fön pustet unter den Ballon		
Fön pustet über den Ballon		
Fön pustet im Winkel von 45° über dem Ballon		

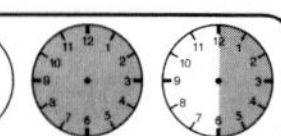

② Wie musste der Fön gehalten werden, damit der Luftballon aufsteigt?

③ Skizziere für diesen Fall das Stromlinienbild.

④ Vergleiche dazu die Strömungsgeschwindigkeiten über und unter dem Luftballon und schlussfolgere auf den Druck und die Auftriebskraft.

Tipp: Halte dazu deine Hand während des Versuchs einmal über und einmal unter den fliegenden Luftballon.

⑤ Wende deine Erkenntnisse auf ein anderes Experiment an.
Wo musst du mit dem Strohhalm pusten, sodass das Blatt Papier sich nach unten auf den Tisch legt?

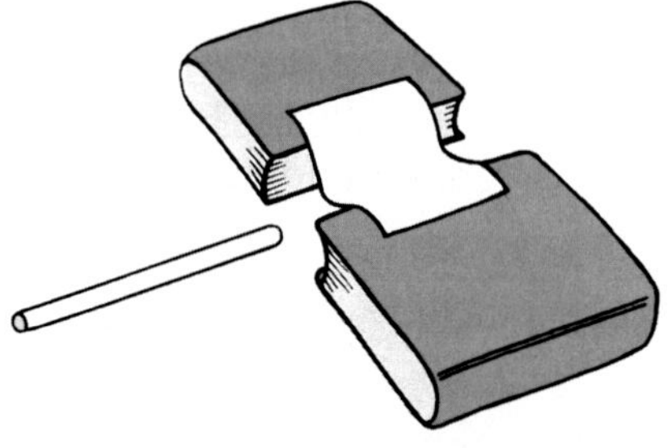

Überprüfe deine Aussage und führe das Experiment durch.

⑥ Fasse deine Erkenntnisse zusammen:

Je ____________ die Strömungsgeschwindigkeit, umso ____________

ist der senkrecht dazu entstehende Druck. Der Körper bewegt sich in das Gebiet mit dem

____________ Druck. Die dahin wirkende Kraft nennt man ____________.

Fehlerbetrachtung: Gib an, welche Messfehler aufgetreten sein könnten.

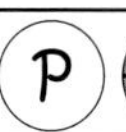
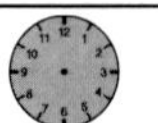

Geräte und Materialien

rotes, blaues und grünes Papier
1 alte CD und 1 Murmel
oder 1 Kreisel
Klebestreifen
Verschiedenfarbige Stifte
oder ein Tuschkasten

Theoretische Grundlagen

Es wird die additive von der subtraktiven Farbmischung unterschieden. Die Grundfarben der additiven Farbmischung sind Rot, Grün und Blau, die der subtraktiven Farbmischung sind Gelb, Magenta und Cyan.

Aufgabe: Untersuche die additive und subtraktive Farbmischung.

Experimentieranordnung

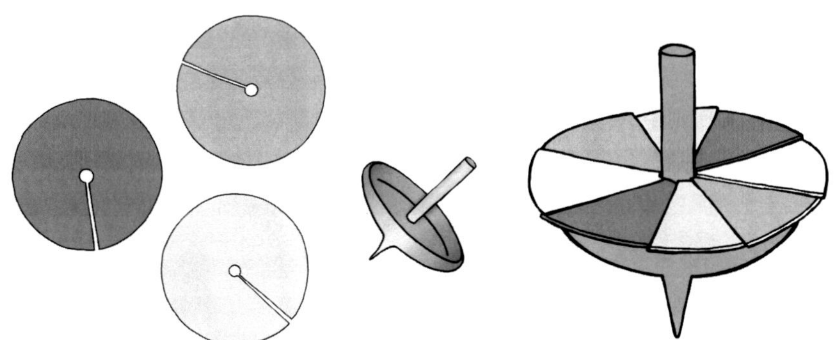

Hinweise

Fixiere die Farbscheiben zum Drehen vorsichtig mit einem Klebestreifen. Zwinkere beim Drehen des Kreisels ein wenig mit den Augen.
Die Mischfarbe wird so deutlicher erkennbar. Verwende mehrere Farbsegmente.

Durchführung und Messwerte

1. Stelle mit der CD als Schablone je eine rote, blaue und grüne Kreisscheibe her.
2. Klebe mit mehreren Klebestreifen die Murmel von oben genau in das Loch der CD, sodass sich die CD mit Murmel wie ein Kreisel sehr leicht drehen lässt.
3. Schneide in jede Farbscheibe senkrecht von außen nach innen. So kannst du eine oder mehrere Scheiben ineinanderstecken und mehrere Farben bleiben sichtbar.
4. Lege nun abwechselnd verschiedene Farbkombinationen auf deinen Kreisel, lass ihn drehen und beobachte die Farbmischung.
5. Notiere deine Beobachtung.
6. Ordne nun die Farbscheiben so an, dass die Farbanteile unterschiedlich groß sind. Wiederhole den Versuch und notiere deine Beobachtungen.
7. Teste eigene Farbkombinationen und trage deine Beobachtungen in die Tabelle ein.

Farbkombination	Beobachtung
Rot – Gün	
Rot – Blau	
Grün – Blau	
Rot – Grün – Blau	
viel Rot – Rest Grün und Blau	

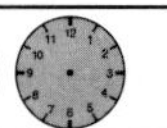

Auswertung

① Vervollständige die Farbscheiben mit den Grundfarben und den Mischfarben der additiven Farbmischung. Beschrifte sie.

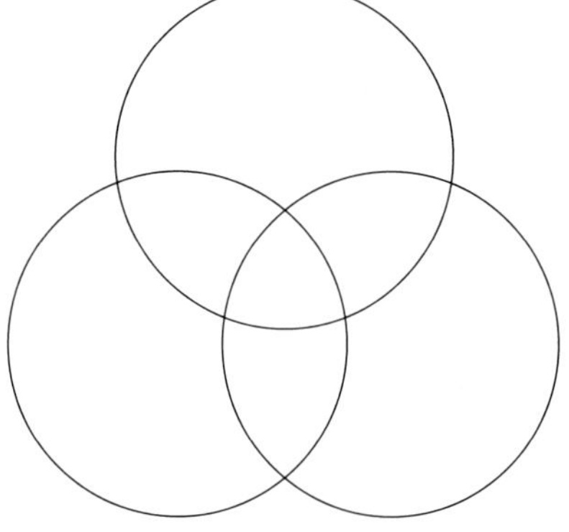

② Vergleiche die im Experiment festgestellten Mischfarben der additiven mit den Grundfarben der subtraktiven Farbmischung. Welchen Zusammenhang erkennst du?

③ Überprüfe den Zusammenhang, indem du nun mit den Grundfarben der subtraktiven Farbmischung (mit Filzstiften oder Tuschfarben) die Mischfarben erzeugst.

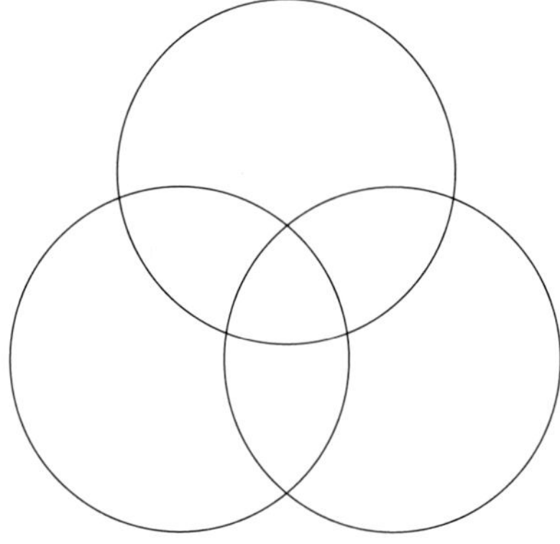

④ Bei welchem Experiment entstehen die Farben Schwarz und Weiß?

⑤ Farbige Körper reflektieren einen Teil des Lichtspektrums, einen anderen absorbieren sie. Stell dir vor, die abgebildeten Körper werden mit weißem Licht – also einem rot-grün-blauen Lichtstrahl – angestrahlt. Ergänze die reflektierten Strahlen.

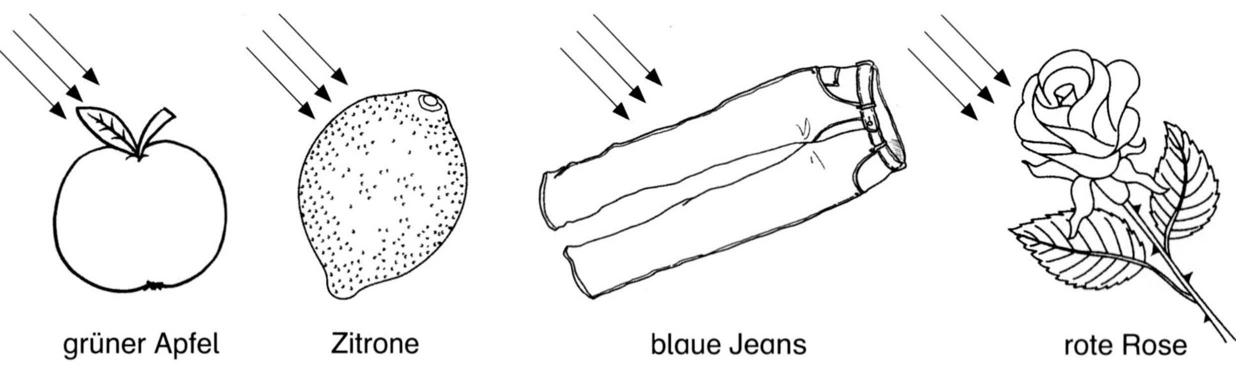

grüner Apfel | Zitrone | blaue Jeans | rote Rose

Fehlerbetrachtung: Gib an, welche Messfehler aufgetreten sein könnten.

Geräte und Materialien

1 Experimentierleuchte
1 Spaltblende
1 Winkelscheibe
1 Glaskörper

Theoretische Grundlagen

Geht Licht von einem Medium in ein anderes über, so wird es gebrochen. Beim Übergang des Lichtes von einem optisch dichteren in ein optisch dünneres Medium wird das Licht ab einem bestimmten Einfallswinkel jedoch reflektiert. Diesen Vorgang nennt man Totalreflexion, der Winkel heißt Grenzwinkel.

Aufgabe: Untersuche den Übergang des Lichtes von Glas in Luft.

Experimentieranordnung

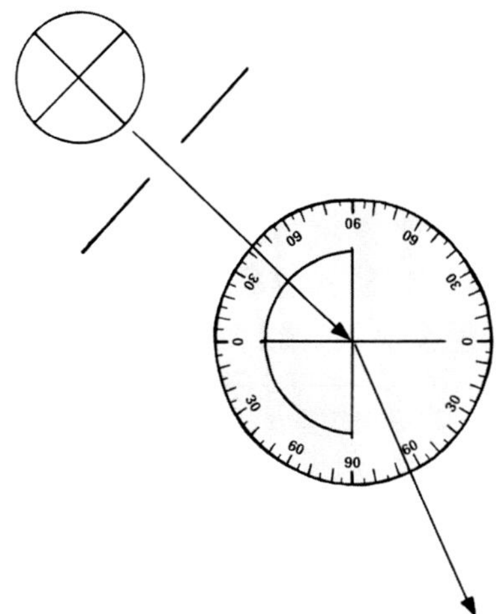

Hinweis

Stelle die Experimentierleuchte so ein, dass ein schmales Lichtbündel erscheint und dunkle den Raum ab.

Durchführung und Messwerte

1. Lege den Glaskörper wie in der Abbildung auf die Winkelscheibe. Stelle die Experimentierleuchte ein und richte sie genau auf den Schnittpunkt von Einfallslot mit ebener Grenzfläche.
2. Stelle durch Drehen der Winkelscheibe (mit Glaskörper) den entsprechenden Einfallswinkel α ein und lies den Brechungswinkel β ab. Untersuche anschließend den Übergang des Lichtes von Glas in Luft.
3. Trage die Messwerte in die Tabelle ein.
4. Bestimme nun für einen Brechungswinkel von 90° den Einfallswinkel. Vergrößere den Einfallswinkel und notiere deine Beobachtung.

Vergrößerung des Einfallswinkels ➔ Beobachtung: ______________________________

Messung Nr.	Einfallswinkel α	Brechungswinkel β	$\frac{\sin \alpha}{\sin \beta}$
1	0°		
2	10°		
3	15°		
4	20°		
5	25°		
6		90°	

Auswertung

① Berechne die Quotienten $\frac{\sin \alpha}{\sin \beta}$. Trage die Ergebnisse in die Tabelle ein. Was stellst du fest und was gibt er an?

____

② Vergleiche die Einfallswinkel bis 25° mit den zugehörigen Brechungswinkeln. Formuliere das Ergebnis als Ungleichung und in Worten (Brechungsgesetz).

____

____

③ Vervollständige.
Ist beim Übergang des Lichtes von Glas in Luft der Brechungswinkel 90° groß, so ist der Einfallswinkel gleich _______ groß. Diesen Winkel nennt man ____________________.
Wird der Einfallswinkel größer, so wird der Lichtstrahl nicht ________________, er wird nun ________________. Diesen Vorgang nennt man ________________. Er tritt nur beim Übergang von optisch ____________ Stoff zu optisch ____________ Stoff auf.

④ Recherchiere, wofür die Erkenntnisse der Totalreflexion genutzt werden.
Beantworte im Anschluss die Frage, ob sich Licht einfangen lässt.

____

____

⑤ André hat mit seiner neuen Unterwasserkamera folgendes Bild aufgenommen. Beim Betrachten sieht er seinen Kopf mit Schnorchel doppelt. Er fragt sich, ob seine Kamera kaputt ist. Was sagst du dazu? Wie kann der Fotograf dies vermeiden?

____

____

____

____

____

____

Fehlerbetrachtung: Gib an, welche Messfehler aufgetreten sein könnten.

____

Geräte und Materialien

1 CD
1 Laserpointer
1 Lineal oder Maßband
Stativmaterial
2 Schirme

Theoretische Grundlagen

Fällt Licht auf eine CD, wird es reflektiert. Die Rillen wirken wie ein Gitter, sodass es nach der Reflektion zu Interferenzerscheinungen des Lichtes kommt. Das Spektrum des Lichtes ist erkennbar. Wird die CD mit einem Laser beleuchtet, erscheinen Gebiete der Überlagerung und Auslöschung. Der Rillenabstand entspricht hier der Gitterkonstanten g.

Aufgabe: Bestimme den Rillenabstand einer CD.

Experimentieranordnung

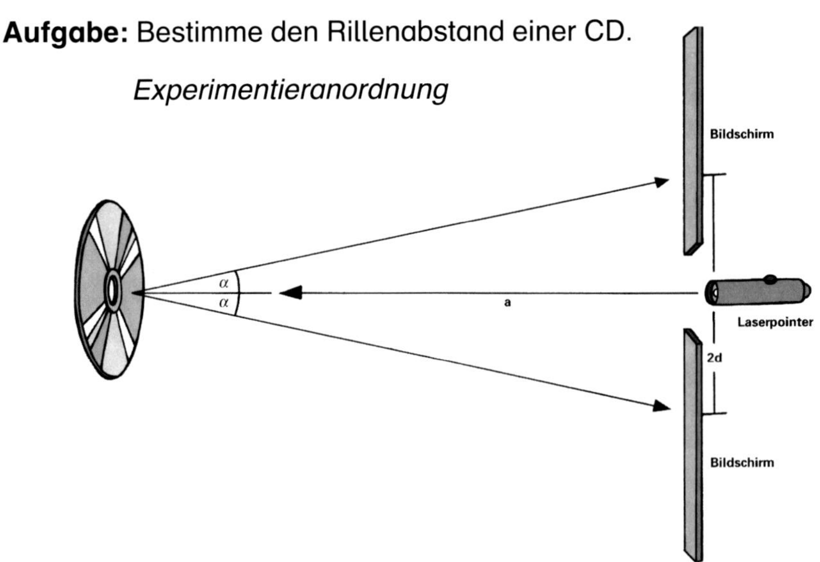

Hinweis

Der Laserstrahl sollte die CD möglichst senkrecht und mittig neben dem Loch treffen.

Durchführung und Messwerte

1. Baue das Experiment gemäß der Experimentieranordnung auf. Achte darauf, dass das Hauptmaximum in den Laser zurückreflektiert wird.
2. Verschiebe die CD so, dass auf den Bildschirmen die Maxima 1. Ordnung scharf abgebildet werden.
3. Bestimme den Abstand a der CD von der Laserlampe und den Abstand 2d der beiden Maxima 1. Ordnung.

a = ______________________ 2d = ______________________

Auswertung

① Berechne den Abstand des Maximum 1. Ordnung vom Hauptmaximum d = ____________________

② Für die Berechnung des Winkels α, mit dem das Maximum auf dem Schirm auftritt, gelten folgende 2 Gleichungen:

$\sin\alpha = \frac{k \cdot \lambda}{g}$ und $\tan\alpha = \frac{d}{a}$

Für kleine Winkel α nehmen wir $\tan\alpha = \sin\alpha$ an.

So ergibt sich $\frac{k \cdot \lambda}{g} = \frac{d}{a}$. Stelle diese Gleichung nach der Gitterkonstanten g um.

③ Berechne für k = 1 mit dieser Formel die Gitterkonstante g, also den Rillenabstand der CD.

Tipp:

Für die Wellenlänge λ des Lichtes können wir annehmen:
grünes Licht: 532 nm
rotes Licht: 635 nm
blaues Licht: 460 nm

Fehlerbetrachtung: Gib an, welche Messfehler aufgetreten sein könnten.

Arbeitsblatt Messgeräte

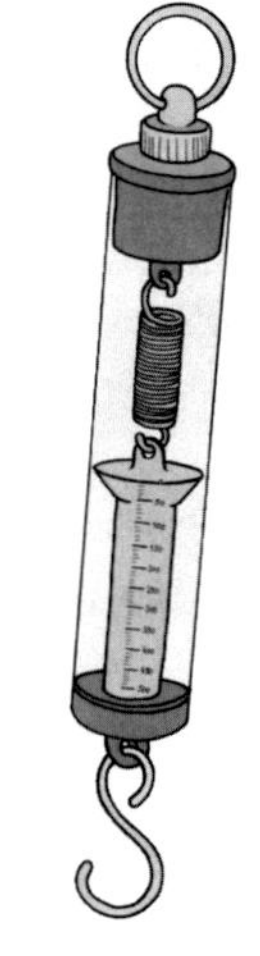
Federkraftmesser

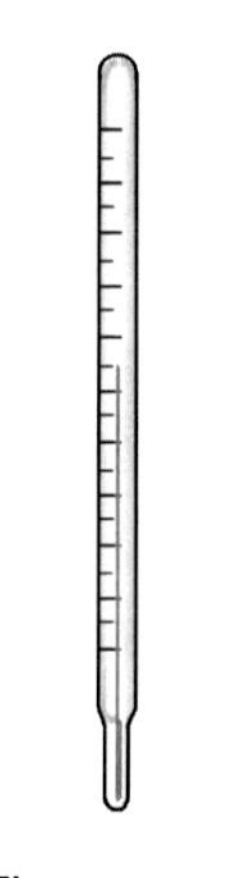
Thermometer

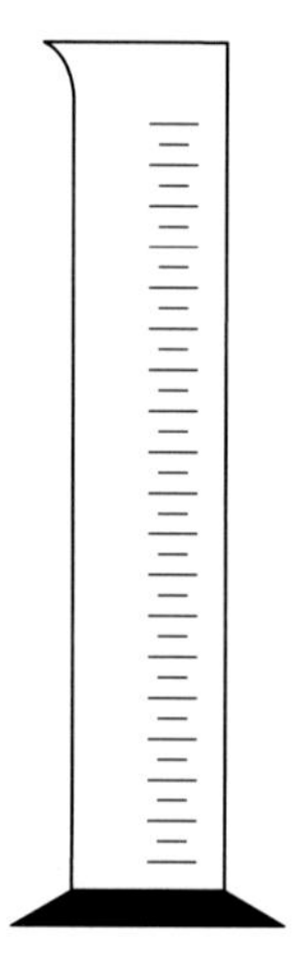
Messzylinder

Aräometer

Waage

Stoppuhr

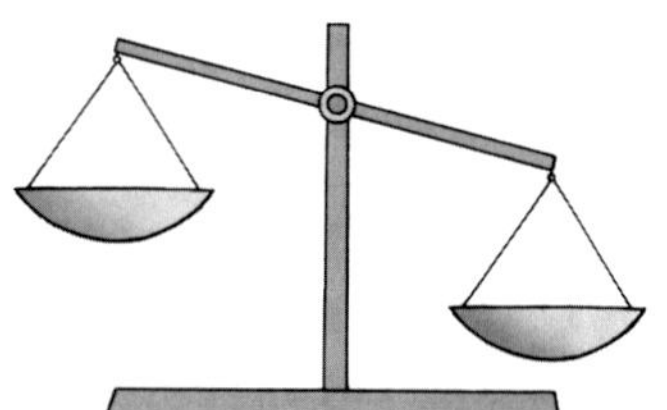
Balkenwaage

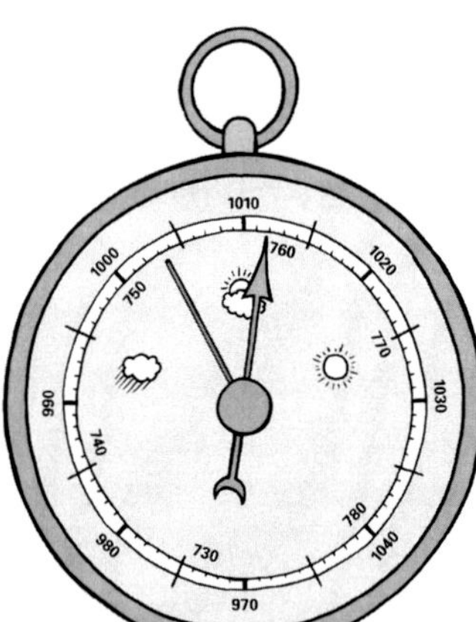

Barometer

Wägesatz

Lineal

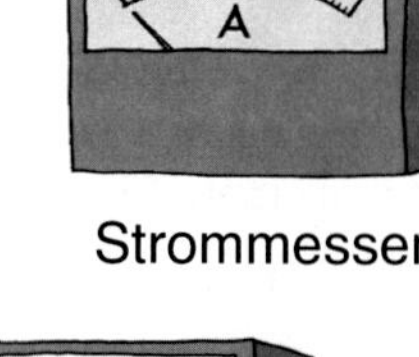

Strommesser

Spannungsmesser

Schalenkreuzenemometer

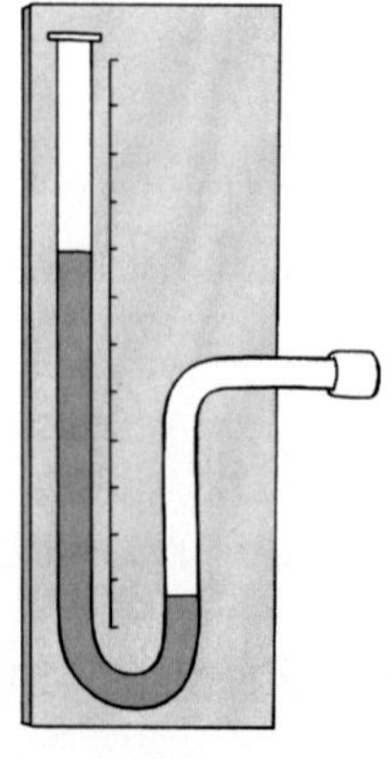
U-Rohr-Manometer

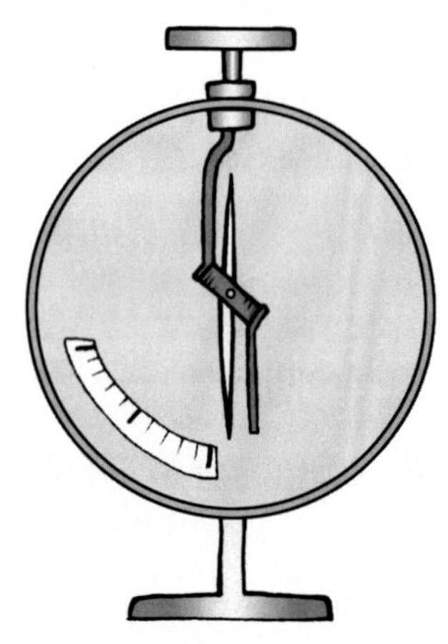
Elektroskop

Arbeitsblatt Experimentier- und Messgeräte — Seite 8

1. a)

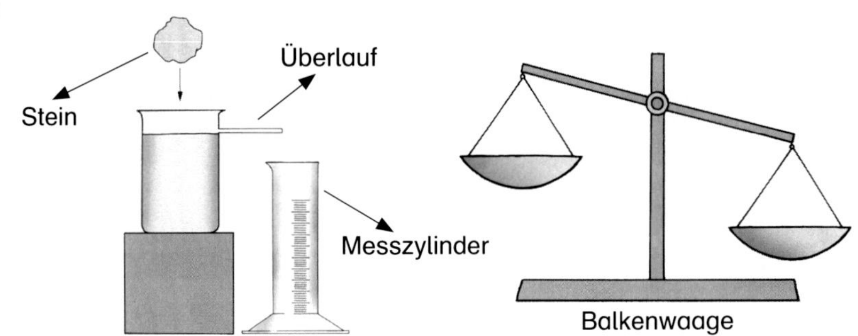

b) Diesen Versuch nennt man das Überlaufverfahren. Mit ihm kann man das Volumen unregelmäßiger Körper, hier eines Steins, bestimmen. Mit der Waage kann man die Masse des Steins bestimmen.

c) Mit der Masse und dem Volumen eines Körpers lässt sich die Dichte des Körpers berechnen. Formel: $\rho = \frac{m}{V}$

2. a)

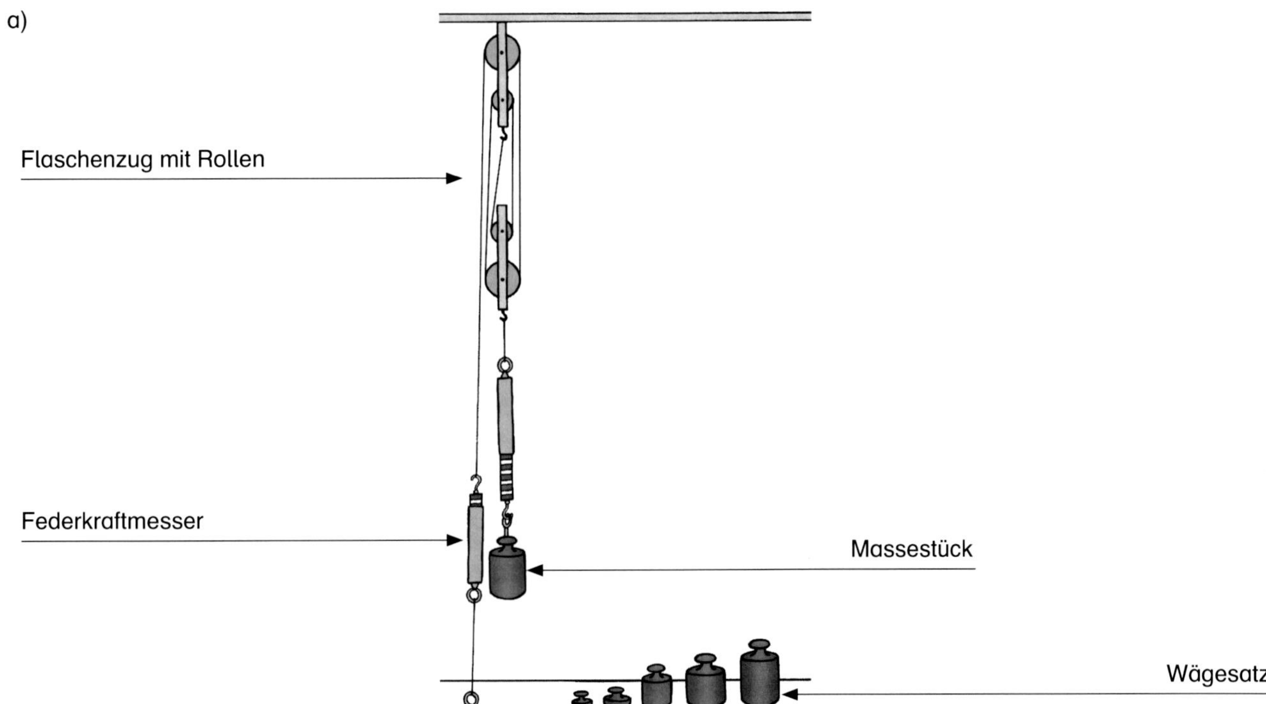

b) Kraftumformende Einrichtungen: Lose Rolle, Hebel und geneigte Ebene

c) Was man an Kraft spart, muss man an Weg zusetzen.
➔ Es ist nicht möglich, mechanische Arbeit einzusparen.

Arbeitsblatt Physikalische Größen und Einheiten — Seite 11

1. a)

Physikalische Größe	Formelzeichen	Einheit	Messgerät / Berechnungsformel
Temperaturdifferenz	ΔT	K	$\Delta T = \vartheta_1 - \vartheta_2$
Kraft	F	N	Federkraftmesser
Leistung	P	W	$P = \frac{W}{t}$
Stoffmenge	n	mol	$n = \frac{m}{M}$

2. Grau hinterlegte Kästchen (Lsg. 1) sind SI-Basiseinheiten.
   Weitere Basiseinheiten:

Meter	der Weg
Sekunde	die Zeit
Kilogramm	die Masse
Ampere	die Stromstärke
Candela	die Lichtstärke

3. a) 350 kW = 350000 W
   b) 0,75 MJ = 750000 J
   c) 1,25 hl = 125 l
   d) 500 μm = 0,0005 m
   e) 200 mg = 0,2 g
   f) 680 mol = 0,68 kmol
   g) 650 A = 650000 mA
   h) 4500 V = 4,5 kV
   i) 25500 N = 0,0255 MN
   j) 0,008 F = 8000000000 pF
   k) 0,2 l = 200 ml
   l) 0,05 m = 0,5 dm

4.

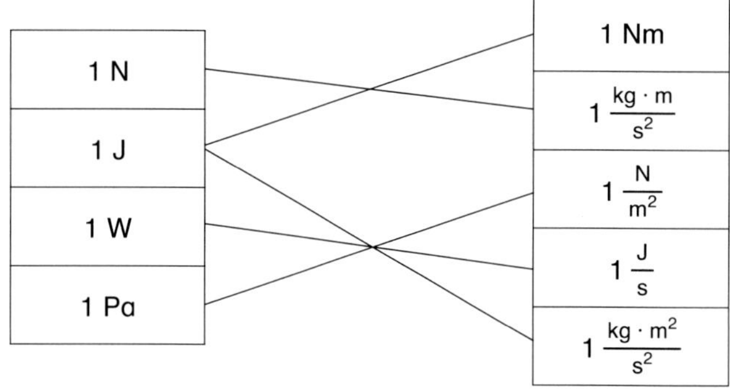

5. F = m · a; Die Masse m hat die Einheit kg, die Beschleunigung a hat die Einheit $\frac{m}{s^2}$. Daraus ergibt sich, wenn man m · a berechnet: $1\ kg \cdot \frac{m}{s^2} = 1\ \frac{kg \cdot m}{s^2} = 1\ N$

6. Physikalische Größen beschreiben *messbare* Eigenschaften von *Körpern*, Vorgängen oder *Zuständen*. Sie werden als Produkt aus einem *Zahlenwert* und einer *Einheit* angegeben. Im Internationalen Einheitensystem werden *sieben* Basiseinheiten festgelegt. Alle anderen Einheiten lassen sich aus ihnen herleiten, sie heißen *abgeleitete* Einheiten.

7. a) Beschleunigung
   b) Radialkraft
   c) Schwingungsdauer oder Periodendauer
   d) Stromstärke
   e) Wirkungsgrad

8.

	Physikalische Größe	**Formelzeichen**	**Einheit**
a)	Beschleunigung	a	$\frac{m}{s^2}$
b)	Radialkraft	F	N
c)	Schwingungsdauer, Periodendauer	T	s
d)	Stromstärke	I	A, mA
e)	Wirkungsgrad	η	keine Einheit

Versuch 1: Flüssigkeitsschichten **Seite 22**

Auswertung

① Die Skizze muss zeigen, dass sich der Sirup ganz unten befindet, die Weintraube auf dem Sirup liegt, sich über dem Sirup die Wasserschicht befindet, auf der Wasserschicht der Plastikbaustein liegt, sich darüber die Ölschicht befindet und auf der Ölschicht der Korken schwimmt.

② Der Sirup blieb am Boden, darüber schichtete sich das Wasser und ganz oben schwamm die Ölschicht. Beim Ablegen der Weintraube sank diese durch das Öl in das Wasser und blieb auf dem Sirup liegen. Der Korken blieb ganz oben und der Plastikbaustein sank im Öl, schwamm dann jedoch oben auf der Wasserschicht.

③ Öl $0{,}7\,\frac{g}{cm^3}$ Korken $0{,}5\,\frac{g}{cm^3}$ Wasser $1\,\frac{g}{cm^3}$ Plastikbaustein $0{,}9\,\frac{g}{cm^3}$ Sirup $1{,}4\,\frac{g}{cm^3}$ Weintraube $1{,}2\,\frac{g}{cm^3}$

④ Masse und Volumen

⑤ Fließt Öl in ein Meer, so schwimmt es oben auf der Wasseroberfläche. Da das Öl das Meer bedeckt wie ein Teppich den
\+ Boden, wird das schwimmende Öl auch Ölteppich genannt. Er entsteht beispielsweise, wenn zwei Öltanker kollidieren
⑥ oder durch technische Defekte an Ölplattformen Öl austritt. Er hat zahlreiche negative Auswirkungen auf die Tier- und Pflanzenwelt – so verklebt z. B. das Vogelgefieder der Seevögel, sodass sie nicht mehr fliegen können.

⑦ Latte Macchiato, Kirsch-Bananen-Saft

Fehlerbetrachtung:

- falsches Eintauchen des Plastikbausteins, sodass er durch Luft im Hohlraum ganz oben schwimmt

Versuch 2: Der See im Winter — Seite 23

Auswertung

① Bei sehr gutem Versuchsverlauf befindet sich die Flüssigkeitsschicht mit 4 °C am Boden des Eimers und oben schwimmt das Eis. Der Vergleich der Dichten ergibt, dass das 4 °C kalte Wasser eine größere Dichte hat als das 1 °C kalte Wasser, obwohl es wärmer ist.

②

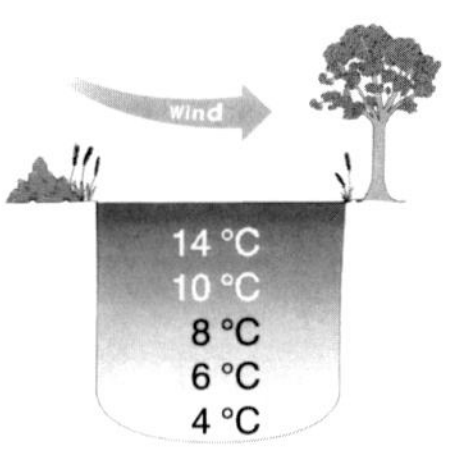

③ Wasser mit einer Temperatur von *4 °C* befindet sich in einem See unten. Es hat bei dieser Temperatur seine größte Dichte. Diese Besonderheit nennt man *Anomalie* des Wassers. Kühlt oder erwärmt sich das Wasser weiter, so wird die Dichte wieder *kleiner*. Im *Herbst* kühlt sich das Wasser an der Wasseroberfläche des Sees ab und sinkt nach unten. Das wärmere Wasser von unten strömt nach *oben* und kühlt sich dort ab. Das wiederholt sich bis die Temperatur *am Grund* 4 °C beträgt. Kühlt sich das Wasser an der *Oberfläche* weiter ab, bleibt es oben und es bildet sich sogar Eis. Der See *friert* von oben zu. Zum Glück, denn so überleben die *Fische* unten in dem See.

④ Entstehung von Geröll in den Bergen/ Frostschäden auf der Straße nach einem Winter/ Durch die Ausdehnung des Wassers im Boden werden große Erdklumpen auseinandergesprengt und der Ackerboden wird aufgelockert.

Fehlerbetrachtung:

- Ablesefehler an der Thermometerskala
- Vermischen der unterschiedlichen Flüssigkeitsschichten durch heftige Bewegungen des Gefäßes oder durch schnelle Bewegung des Thermometers

Versuch 3: Selbst gebautes Aräometer — Seite 25

Durchführung und Messwerte

5. Berechnung der Dichte des Himbeersirups:
   $V = 100\text{ ml} = 100\text{ cm}^3$, $m = 130\text{ g}$; $\rho = \frac{m}{V} = \frac{130}{100}\frac{g}{cm^3} = 1{,}3\,\frac{g}{cm^3}$

Auswertung

① Das Wasser des Sees, des Schwimmbads und der Ostsee haben eine unterschiedliche Dichte. Die Dichte der salzigen Ostsee ist größer als die des Sees. Deshalb taucht Antonia in das Ostseewasser weniger tief ein. Dafür ist die Schwimmbewegung anstrengender, da die Masse des Wassers, welche sie mit den Armen bewegt, größer ist. Im Seewasser ist es umgekehrt. Sie taucht tiefer ein, jedoch ist die Masse des Wassers kleiner, sodass sie die Armbewegung weniger anstrengt.

② Benzin: 0,70 – 0,74 $\frac{g}{cm^3}$ Quecksilber: 13,53 $\frac{g}{cm^3}$ Petroleum: 0,81 $\frac{g}{cm^3}$ Salzsäure: 1,18 $\frac{g}{cm^3}$
Entsprechende Vervollständigung auf der Skala. In Quecksilber würde unser Aräometer nicht eintauchen.

③ Dichtebestimmung von Benzin
Dichtebestimmung unbekannter Flüssigkeiten in der chemischen Industrie
Bestimmung der Konzentration von Salzsäure
Bestimmung des Zuckergehaltes in Most – Mostwaage
Bestimmung des Alkoholgehaltes in Schnaps oder Wein
in Molkereien zur Überprüfung der Milch – Laktodensimeter

Fehlerbetrachtung:
- ungenaues Messen der Masse und des Volumens des Getränkesirups
- Die Masse des Gefäßes bleibt bei der Masse des Getränkesirups unberücksichtigt.
- Verrutschen der Skala
- sehr grobe Einteilung der Skala

Versuch 4: Langsame und schnelle Autos — Seite 26

Durchführung und Messwerte

Folgende Messwerte wurden aufgenommen:

t in s	5	10	15	20	25	30	35	40	45	50	55	60
s in m	0,3	0,58	0,9	1,27	1,66	2,0	2,42	2,9	3,33	3,77	4,2	4,61
$\frac{s}{t}$ in $\frac{m}{s}$	0,06	0,05	0,06	0,06	0,07	0,07	0,07	0,07	0,07	0,08	0,08	0,08

Auswertung

① Der Quotient ist fast immer konstant. Er wird zum Ende der Messung etwas größer. Der Quotient aus Weg und Zeit gibt die Geschwindigkeit des Modellautos an. Es bewegte sich mit rund 0,06 $\frac{m}{s}$. Das bedeutet, er legte in 1 s rund 6 cm zurück.

② Weg-Zeit-Diagramm

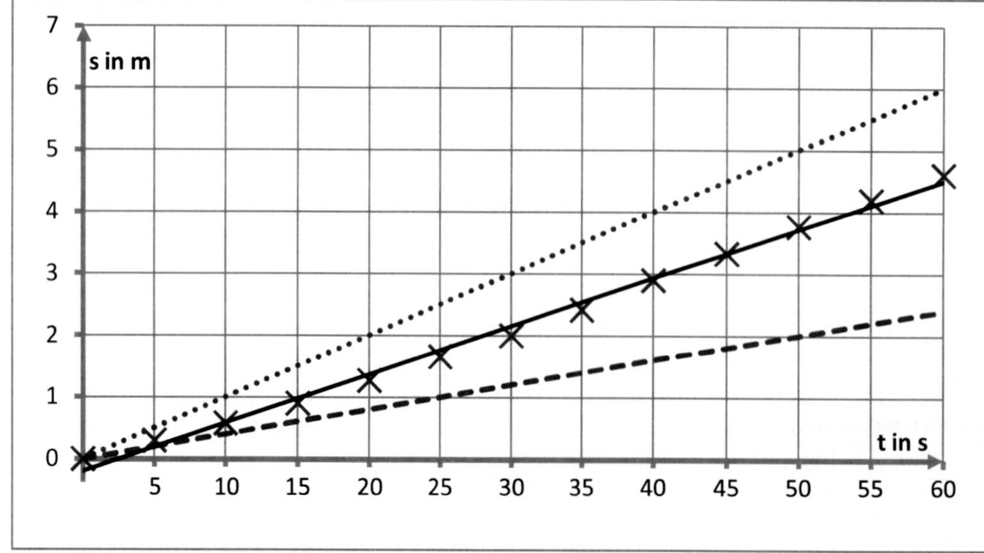

④ Schnelles Auto: Punktlinie;

langsames Auto: Strichlinie

③ Die Messwerte bilden eine ansteigende Gerade. Weg und Zeit sind proportional zueinander.

Fehlerbetrachtung:

- Auto fährt erst nach Überwindung der Haftreibung los, so vergeht zu Beginn des Versuchs Zeit ohne Bewegung des Autos
- ungleichmäßiges Aufwickeln des Fadens
- ungenaues Setzen der Markierungsstriche
- ungenaues Messen der Zeit und Strecke
- Verrutschen der Skala
- sehr grobe Einteilung der Skala

Versuch 5: Eine Fahrt bergab

Seite 27

Auswertung

① Die folgenden Messwerte entstanden auf einer geneigten Ebene, die 1 m lang war und eine Höhe von 3 cm hatte.

Mittelwertberechnung: $t_m = \frac{t_1 + t_2 + t_3}{3}$

② und ③ ƒ Berechnung der Beschleunigung a: $a = 2 \cdot \frac{s}{t^2}$

④ Berechnung der Geschwindigkeit v: $v = a \cdot t$

s in cm	20	30	40	50	60	70	80	90
t_1 in s	1,48	1,85	2,16	2,25	2,49	2,73	2,98	3,20
t_2 in s	1,51	1,76	2,02	2,30	2,54	2,70	3,04	3,12
t_3 in s	1,54	1,92	2,03	2,28	2,51	2,73	2,98	3,22
t_m in s	1,51	1,84	2,07	2,27	2,51	2,72	3,0	3,19
a in $\frac{m}{s^2}$	0,18	0,18	0,19	0,19	0,19	0,19	0,19	0,18
v in $\frac{m}{s}$	0,26	0,33	0,39	0,44	0,48	0,51	0,53	0,56

⑤ s-t-Diagramm:

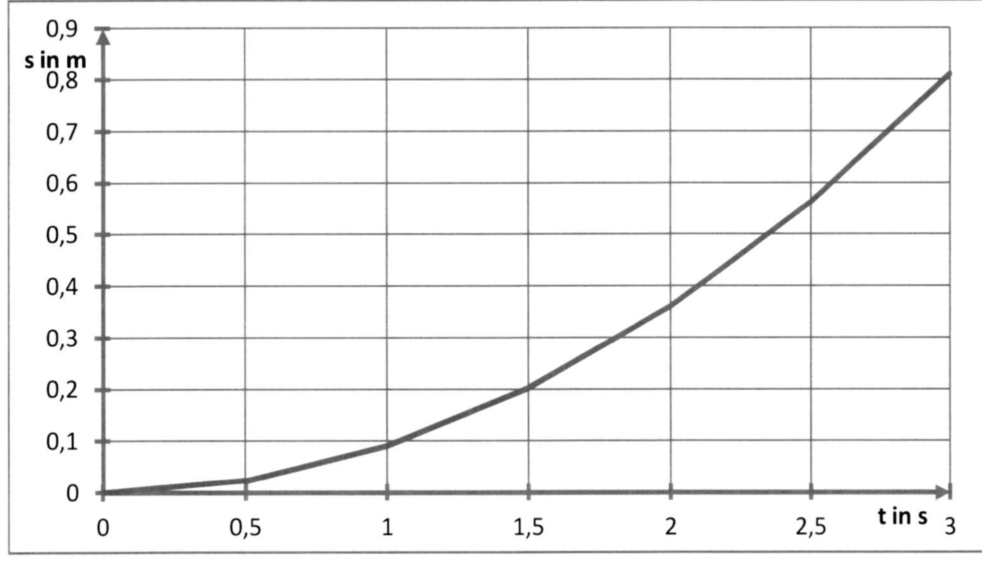

Geschwindigkeits-Zeit-Diagramm:

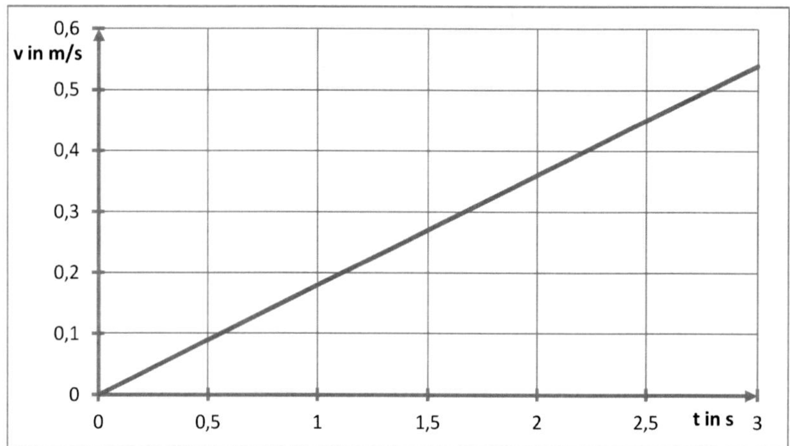

Beschleunigungs-Zeit-Diagramm:

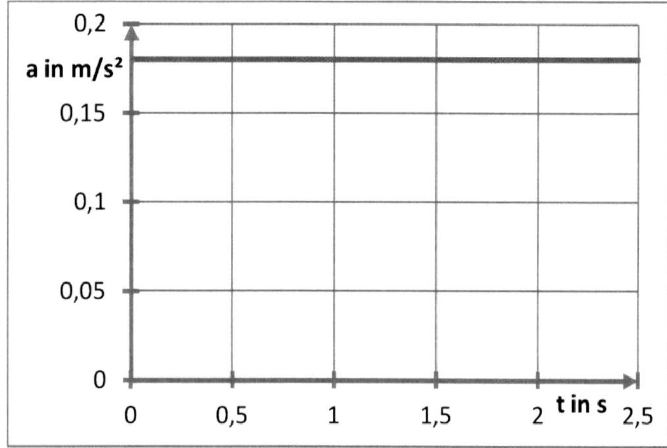

⑥ Fährt ein Fahrzeug bergab, wird es immer schneller: Seine Geschwindigkeit nimmt zu. Das heißt, das Fahrzeug legt in gleichen Zeitabständen einen immer größeren Weg zurück. Die Gefahr eines Unfalls steigt zum Beispiel, wenn unten eine Kurve oder eine Kreuzung kommt, bei der man die Vorfahrt beachten muss. Deshalb müssen alle Fahrzeuge über funktionstüchtige Bremsen verfügen. Um die Geschwindigkeit bei der Bergabfahrt zu reduzieren, muss bei den Fahrzeugen ein Gang eingelegt sein.

Faustformel: selber Gang hoch wie runter!

Die dadurch erreichte Verzögerung nennt man Motorbremse. Zusätzlich dazu wird dann die Geschwindigkeit durch die Betriebsbremse reduziert. Eine Reduzierung der Geschwindigkeit nur durch die Betriebsbremse kann zur Überlastung und damit auch zur Beschädigung der Betriebsbremse führen.

Fehlerbetrachtung:

- Fehler bei der Zeitmessung
- Wenn der Neigungswinkel zu groß ist, bewegt sich das Auto sehr schnell.
- Unterschiedliche Reaktionszeit der Personen bei der Zeitmessung

Versuch 6: Rhythmus des Fallens — Seite 29

Durchführung und Messwerte

t in s	0,2	0,4	0,6	0,8	1,0	1,2	1,4
s in m	0,2	0,8	1,8	3,1	4,9	7,1	9,6

Auswertung

① s-t-Diagramm
Zusammenhang:
$s \sim t^2$

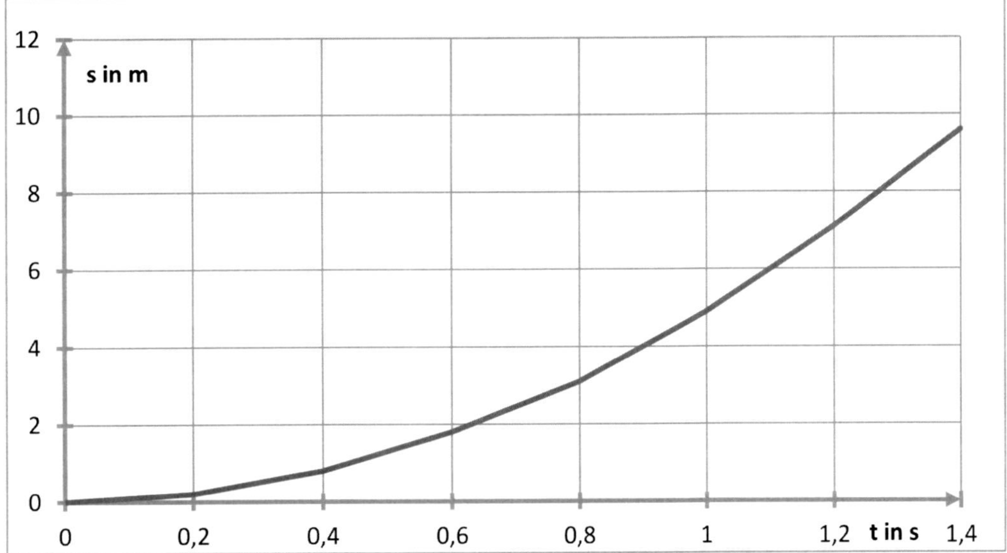

② Bei der Fallschnur 1 ist der Rhythmus des Aufschlagens der Muttern ungefähr gleichmäßig, obwohl der Abstand zwischen den Muttern kleiner wird. Vermutlich nimmt die Geschwindigkeit beim Fallen zu und die Muttern legen in einer Sekunde einen immer größeren Weg zurück.
Bei der Fallschnur 2 ist der Rhythmus des Aufschlagens der Muttern ungleichmäßig, obwohl sie einen konstanten Abstand voneinander haben. Die Geschwindigkeit der Muttern nimmt wahrscheinlich zu und sie fallen in einem zeitlich kürzeren Abstand auf die Erde.

③ Verdoppelt sich die Fallzeit t, so *vervierfacht* sich der Fallweg s. Verdreifacht sich die Fallzeit t, so *verneunfacht* sich der Fallweg s. Zwischen dem Fallweg s und der Fallzeit t besteht ein *quadratischer* Zusammenhang, kurz $s \sim t^2$. Das heißt, in gleichen Zeiten wird der Fallweg s *größer*.

④ $v = \sqrt{2as} = \sqrt{2 \cdot 9{,}81\ \frac{m}{s^2} \cdot 39000\ m} \approx 875\ \frac{m}{s} \approx 3150\ \frac{km}{s}$

⑤ Dem freien Fall des Felix Baumgartner wirkt der Luftwiderstand entgegen, der ihn bremst. Sind die Gewichtskraft, die auf die Erde senkrecht nach unten wirkt, und die Reibungskraft des Luftwiderstandes, die von der Erde senkrecht nach oben wirkt, gleich groß, so wird eine konstante Geschwindigkeit erreicht.

Fehlerbetrachtung:

- Abstand der Perlen auf der Schnur weicht von dem berechneten Abstand ab
- Untergrund, auf dem die Perlenkette aufschlägt oder das Material der Perlen ist ungeeignet, zu hart oder zu weich
- ungenaue Beobachtung

Versuch 7: Leicht hebt schwer — Seite 31

Durchführung und Messwerte

Mögliche Messwerte:

F_1 in N	F_2 in N	l_1 in cm	l_2 in cm	$F_1 \cdot l_1$	$F_2 \cdot l_2$
1	2	20	10	20	20
0,5	10	20	1	10	10
1,5	6	40	10	60	60
1	5	20	4	20	20

Auswertung

① Die Produkte sind immer gleich groß. Je kleiner die eine Masse, umso länger muss der Kraftarm sein, um eine größere Masse zu heben. Das drückt das Hebelgesetz aus.

② $F_1 \cdot l_1 = F_2 \cdot l_2$; $l_1 = \frac{F_2 \cdot l_2}{F_1}$; $l_1 = \frac{0{,}5\ \text{N} \cdot 20\ \text{cm}}{1\ \text{N}}$; $l_1 = 10$ cm

③ Beispiellösung:
Gewichtskraft des Kindes $F_1 = 500$ N
Gewichtskraft der zu hebenden Person $F_2 = 800$ N
Länge des Kraftarms $l_1 = 0{,}8$ m
Länge des Lastarms $l_2 = 0{,}5$ m
$F_1 \cdot l_1 = F_2 \cdot l_2$
500 N · 0,8 m = 800 N · 0,5 m
400 Nm = 400 Nm

Fehlerbetrachtung:

- Ungenaues Messen der Längen von Kraftarm und Lastarm

Versuch 8: Rollen erleichtern die Arbeit — Seite 32

Durchführung und Messwerte

Beispiel für Messwerte feste Rolle:

F_G in N	F_{Zug} in N	s_{Hub} in cm	s_{Zug} in cm	$F_G \cdot s_{Hub}$	$F_{Zug} \cdot s_{Zug}$
0,5	0,5	10	10	5	5
1,0	1,0	15	15	15	15
1,5	1,5	10	10	15	15
2,0	2,0	20	20	40	40

Beispiel für Messwerte lose Rolle:

F_G in N	F_{Zug} in N	s_{Hub} in cm	s_{Zug} in cm	$F_G \cdot s_{Hub}$	$F_{Zug} \cdot s_{Zug}$
0,5	0,25	10	20	5	5
1,0	0,5	15	30	15	15
1,5	0,75	10	20	15	15
2,0	1,0	5	10	10	10

Auswertung

① Die Produkte in den letzten Spalten sind bei der festen und losen Rolle immer gleich. Bei der festen Rolle sind auch die Messwerte F_G und F_{Zug} sowie s_{Hub} und s_{Zug} gleich, sodass die Produkte auch gleich sein müssen.

Bei der losen Rolle sind die Messwerte nicht gleich. Die Zugkraft ist stets kleiner als die Gewichtskraft, der Zugweg jedoch ist stets größer als der Hubweg.

② Bei der festen Rolle sind die Gewichtskräfte und die Zugkräfte immer gleich groß. Wir haben folglich keine Kraft eingespart. Die Kraft wurde nur umgelenkt, deshalb wird die feste Rolle häufig als Umlenkrolle eingesetzt.
Bei der losen Rolle sind die Zugkräfte immer kleiner als die Gewichtskräfte. Sie sind ungefähr halb so groß, sodass sich zwischen Zug- und Gewichtskraft folgende Gleichung aufstellen lässt: $F_{Zug} = \frac{1}{2} F_G$

Die mechanische Arbeit $W = F \cdot s$, also das Produkt in den letzten beiden Spalten ist immer gleich. Es wurde bei der festen und bei der losen Rolle keine mechanische Arbeit eingespart. Bei der festen Rolle ist das wie bei ① beschrieben zu erwarten gewesen, da die Gewichts- und Zugkräfte gleich groß sind. Bei der losen Rolle wird die Zugkraft halbiert, jedoch der Zugweg verdoppelt sich ungefähr. Es gilt $s_{Zug} = 2 \cdot s_{Hub}$. Das Produkt aus Weg und Kraft bleibt folglich gleich und mechanische Arbeit wird nicht eingespart.

③ Berechnung $F_{Zug} = \frac{1}{2} F_G$; $F_{Zug} = \frac{1}{2} \cdot 500$ N; $F_{Zug} = 250$ N
Berechnung $s_{Zug} = 2 \cdot s_{HUB}$; $s_{Zug} = 2 \cdot 5$ m; $s_{Zug} = 10$ m

Fehlerbetrachtung:

- Seilführung sollte parallel sein
- Reibung des Seils an der Rolle bleibt unberücksichtigt
- die Gewichtskraft der Rolle sollte abgezogen werden
- Ablesefehler an der Skala des Federkraftmessers

Versuch 9: Eine Autobremse selbst bauen — Seite 33

Auswertung

① Konstruktion 1: Zum Hereindrücken des kleinen Kolbens wird eine kleine Kraft benötigt. Das Rad kommt schnell zum Stillstand, es wirkt eine große Kraft. Obwohl der Kolben komplett in den Zylinder geschoben wurde, kam der Kolben an dem Rad nur wenig heraus.

Bei der Konstruktion 2 ist es genau umgekehrt. Es wird viel Kraft benötigt, jedoch bremst das Rad nicht so schnell, es wirkt eine kleinere Kraft. Den Kolben darf man nur ein kleines Stück hinein drücken, da sich der Kolben am Rad sehr weit hebt.

② Für eine Autobremse ist die Konstruktion 1 empfehlenswert. Die Kraft des Beines ist kleiner als die Kraft, die zum Bremsen des Rades benötigt wird, damit das Fahrzeug zum Stillstand kommt.

③ Individuelle Lösungen, die von der Größe der Spritzen abhängig ist.

- Hier ein Beispiel für eine 20 ml und eine 60 ml Spritze:
  $d_1 = 20$ mm $d_2 = 30$ mm
  $A_1 = 314 \text{ mm}^2$ $A_2 = 706{,}5 \text{ mm}^2$
- Berechnung der Kraft für Konstruktion 1:
  $\frac{F_1}{A_1} = \frac{F_2}{A_2}$; $F_2 = \frac{F_1 \cdot A_2}{A_1}$; $F_2 = \frac{5 \text{ N} \cdot 706{,}5 \text{ mm}^2}{314 \text{ mm}^2}$; $F_2 = 11{,}25$ N
- Berechnung der Kraft für Konstruktion 2:
  $\frac{F_1}{A_1} = \frac{F_2}{A_2}$; $F_2 = \frac{F_1 \cdot A_2}{A_1}$; $F_2 = \frac{5 \text{ N} \cdot 314 \text{ mm}^2}{706{,}5 \text{ mm}^2}$; $F_2 = 2{,}2$ N
- Befindet sich der große Kolben am Rad, wirkt eine Kraft von 11,25 N. Sie ist größer als die Kraft des kleineren Kolbens mit 2,2 N. Diese Berechnung stimmt mit der Beobachtung im Experiment überein.

④ Hebebühne, Türöffner

⑤ Die Goldene Regel besagt, dass man zwar Kraft einsparen kann, da sich der Weg verlängert, jedoch keine mechanische Arbeit. Bei einer Fahrradbremse benötigt die Hand am Bremshebel wenig Kraft damit am Rad eine große Kraft wirkt. Folglich ist der Weg des Bremshebels größer, als der Weg des Bremsbelages zur Felge. Der Weg des Bremshebels kann jedoch die maximale Spannweite der Hand nicht überschreiten, sodass bei großer Krafteinsparung der Bremsbelag nur einen kleinen Weg zurücklegen kann.

Fehlerbetrachtung:

- In dem Kolben der hydraulischen Anlage befindet sich Luft.
- Die Querschnittsflächen der beiden Kolbenspritzen sind fast gleich groß.
- Durchmesser wird falsch bestimmt

Versuch 10: Trinkwasser aus der Luft — Seite 35

Durchführung und Messwerte

Beobachtungen:

Zeit in min	Glas mit heißem Wasser	Glas mit kaltem Wasser	Glas mit Eiswasser
5	Glas ist trocken und klar, durchsichtig	Glas ist trocken und klar, durchsichtig	Glas ist beschlagen, undurchsichtig
10	Glas ist trocken und klar, durchsichtig	Glas ist trocken und klar, durchsichtig	am Glas bilden sich kleine Tropfen, es ist feucht
15	Glas ist trocken und klar, durchsichtig	Glas ist trocken und klar, durchsichtig	am Glas bilden sich große Tropfen, es ist nass
20	Glas ist trocken und klar, durchsichtig	Glas ist trocken und klar, durchsichtig	sehr große Tropfen rinnen nach unten
25	Glas ist trocken und klar, durchsichtig	Glas ist trocken und klar, durchsichtig	am Glas befinden sich große Tropfen, sie rinnen nach unten auf das Papier, Glas und Papier sind nass

Auswertung

① Die 3 Gläser haben eine unterschiedliche Temperatur und befinden sich in einem Raum mit einer konstanten Zimmertemperatur und einer bestimmten Luftfeuchtigkeit. Die unmittelbar um die Gläser befindliche Luft erwärmt oder kühlt sich entsprechend der Temperatur des Glases ab. Erwärmt sie sich, so kann die wärmere Luft noch mehr Wasser aufnehmen, das Glas bleibt trocken. Kühlt sie sich ab, so kann sie nur weniger Wasserdampf aufnehmen. Der überschüssige, in der Luft enthaltene Wasserdampf kondensiert an dem kalten Glas. Dadurch entsteht nach gewisser Zeit unter eiskalten Gläsern eine Pfütze.

② Die Brillengläser sind beim Betreten eines warmen Raumes kalt. Die unmittelbar an der Brille befindliche Luft kühlt sich ab, der überschüssige Wasserdampf in der warmen Luft kondensiert an den Brillengläsern. Haben die Gläser sich erwärmt, nimmt die warme Luft das an den Gläsern gebildete Kondenswasser wieder auf, die Gläser sind wieder klar. Im Sommer sind die Gläser und das Zimmer warm, sodass kein Wasserdampf kondensiert.

③ Individuelle Antworten

Fehlerbetrachtung:

- Der Experimentierraum ist sehr kalt, sodass der Temperaturunterschied zum Gefäß mit Eiswasser zu gering ist.
- zu wenig Eis im Wasser

Versuch 11: Kocht ein Schnellkochtopf schneller? — Seite 36

Auswertung

① Beim Herausziehen des Kolbens bilden sich in dem Wasser in der Spritze Blasen, das Wasser siedet. Lässt man den Kolben los, so siedet das Wasser nicht mehr.

② Das heiße Wasser in der Spritze hat bei *normalem* Luftdruck eine Siedetemperatur von 100 °C. Beim Herausziehen des Kolbens wird der Druck über der Flüssigkeit *kleiner*. Dadurch *sinkt* die Siedetemperatur und das Wasser siedet *unterhalb von* 100 °C.

③ Je kleiner der Druck über der Flüssigkeit, umso *niedriger* die Siedetemperatur.

Je größer der Druck über der Flüssigkeit, umso *höher* die Siedetemperatur.

④ Richtige Antworten:

Die Höhe der Siedetemperatur beeinflusst die Länge der Kochzeit.

Im Schnellkochtopf kochen die Speisen bei einem hohen Druck.

Die Speisen werden im Schnellkochtopf schneller gar, da die Temperatur so hoch ist.

Die Siedetemperatur aller Flüssigkeiten hängt vom umgebenden Druck ab. Ob diese Aussage für alle Flüssigkeiten gilt, lässt sich allein mit diesem Experiment nicht bestätigen. Wiederholt man diesen Versuch mit unterschiedlichen Flüssigkeiten, würde sich die Vermutung bestätigen.

⑤ Geht Wasser vom flüssigen in den gasförmigen Aggregatzustand über, so nimmt das Volumen sehr stark zu. In einem geschlossenen Topf entsteht ein Druck, der stetig steigt. Wenn er zu groß wird, explodiert der Topf. Das ist Denis Papin bei seiner Vorführung vor Mitgliedern der Royal Society in London passiert. Zur Vermeidung dieser Explosion baute er in den Topfdeckel ein Überdruckventil ein.

⑥ Tatsächlich siedet das Wasser auf hohen Bergen schon bei 80 °C. Die Speisen erreichen beim Kochen folglich auch nur eine Temperatur von 80 °C, was unterhalb der Kochtemperatur im Flachland ist. Da sie also in kälterem Wasser kochen, dauert es länger, bis sie gar sind. Ernies Aussage ist richtig.

Fehlerbetrachtung:

- Die Temperatur des heißen Wasser ist zu gering.
- Die Spritze ist zu voll gefüllt, sodass man den Kolben nicht weit genug herausziehen kann, um den Unterdruck zu erzeugen.
- Zu Beginn des Versuches befindet sich Luft im Kolben.

Versuch 12: Kühlen ohne Kühlschrank — Seite 38

Durchführung und Messwerte

Messwerte:
Temperatur Eis = 0 °C   Temperatur Eis und Salz = −8 °C   tiefste Temperatur = −21 °C

Auswertung

① Das Eis wird flüssig …

… weil das Salz sehr stark wasserlöslich ist und sich so Salzwasser bildet.

… weil das Lösen des Salzes nur durch das Schmelzen des Eises möglich ist.

② Da das Eis ohne sichtbare Wärmequelle schmilzt, könnte man sich zu dieser Annahme verleiten lassen. Sie ist jedoch falsch, auch hier verläuft der Schmelzvorgang unter Zufuhr von Wärmeenergie. Das Salz bindet das Wasser an der Oberfläche der Eiswürfel zum Auflösen. So bildet sich an der Eisoberfläche wieder neues Wasser. Die zum Schmelzen erforderliche Energie wird direkt der Salz-Wasser-Mischung entzogen. Sie kühlt sich immer weiter ab. Ist ein kleiner Flüssigkeitsfilm auf der Oberfläche des Eises entstanden, wird dieser sofort wieder vom Salz zum Auflösen „verbraucht". Wieder schmilzt das Eis auf der Oberfläche und es kühlt sich weiter ab.

③ Das Wasser in dem Topf dringt in die poröse Oberfläche des Topfes ein. Es verdunstet an der Außenseite des Topfes und entzieht die dazu erforderliche Wärmeenergie der Umgebung. So kühlen sich der Topf und das Wasser in dem Topf ab.

④ Individuelle Antworten

Fehlerbetrachtung:

- Ablesefehler an der Thermometerskala
- Unvollständiges Vermischen von Salz und Eis

Versuch 13: Eine coole Sache Seite 39

Durchführung und Messwerte

Messwerte:

t in min	0	1	2	3	4	5
ϑ_h in °C	48	37	30	29	29	29
ϑ_k in °C	22	24,5	27	28	29	29

Auswertung

① – – – Temperatur des heißen Wassers; ——— Temperatur des kalten Wassers

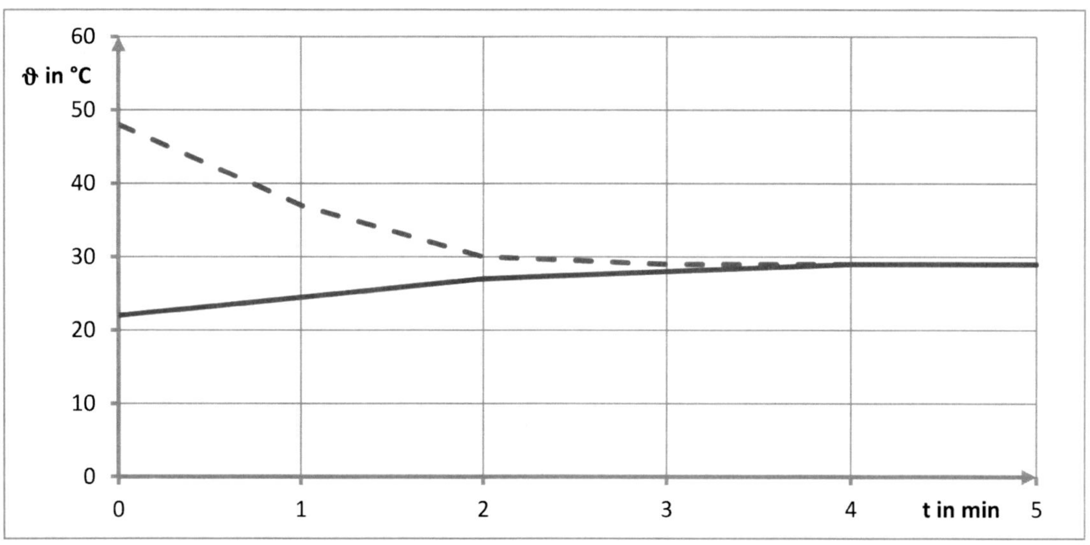

② Die Temperatur der heißen Flüssigkeit sinkt, die der kalten Flüssigkeit steigt. Die Temperaturdifferenz der heißen Flüssigkeit ist größer als die Temperaturdifferenz der kalten Flüssigkeit. Die heiße Flüssigkeit hat an die kalte Flüssigkeit Wärme abgegeben, die kalte Flüssigkeit hat Wärme aufgenommen. Werden Wärmeübertragungen an die Umgebung und an das Gefäß vernachlässigt, sind abgegebene und aufgenommene Wärmemenge gleich groß.
Nach längerer Zeit haben beide Flüssigkeiten die gleiche Temperatur.

③ Funktionsweise des Fläschchenkühlers:

Füllt man das abgekochte heiße Wasser in den Fläschchenkühler, so fließt es durch ein spiralförmig gebogenes Rohr. Die Spirale ist von kaltem Wasser umgeben. Die Wärme des heißen Wassers wird auf das Material des Rohres und von dort auf das kalte Wasser durch Wärmeleitung übertragen. Das heiße Wasser kühlt sich ab. Durch unterschiedliche Befüllung des Fläschenkühlers mit kaltem Wasser ist die Spiralleitung mal mehr oder weniger von kaltem Wasser umgeben. Folglich ist die Wärmeübertragung und somit die Abkühlung des heißen Wassers mal höher oder niedriger.

Richtige Antworten:

- o Die Oberfläche der Wärmeübertragung wird dadurch vergrößert.
- o Die Durchlaufzeit wird verlängert.
- o Durch das Hindurchlaufen des Wassers wird das Wasser ständig gemischt und dadurch mehr Wärme übertragen.

Nach der Benutzung sollte man den Fläschchenkühler wieder in den Kühlschrank stellen, damit sich das erwärmte Wasser wieder abkühlt und bei erneuter Benutzung wieder die Wärme des heißen Wasser aufnehmen kann.

④ Motorkühlungen in Autos und LKWs; in Kraftwerken kühlt das Wasser des Sekundärkreislaufes den Dampf aus der Turbine.

Fehlerbetrachtung:

- Wärmeübertragungen auf das Gefäß, an die Umgebung und die Unterlage bleiben unberücksichtigt.
- Ablesefehler an der Thermometerskala
- Der Temperaturunterschied zwischen heißem und kaltem Wasser ist zu klein.
- Wassermengen beider Gefäße sind sehr unterschiedlich groß

Versuch 14: Wie viel Wärme nimmt Öl auf? **Seite 41**

Auswertung

① und ②
Messwerte:
Hier wurde die im Probeexperiment ermittelte abgegebene Wärme einer Heizplatte verwendet. 1,57 $\frac{kJ}{min}$

Zeit t in min	ϑ in °C	ΔT in K	Q in kJ der Heizplatte	c in $\frac{kJ}{kg \cdot K}$
0	27			
1	31	4	1,57	1,96
2	37	10	3,14	1,57
3	40	13	4,71	1,81
4	43	16	6,28	1,96
5	45	18	7,85	2,18
6	47	20	9,41	2,36
7	50	23	10,98	2,39
8	53	26	12,55	2,42

③ $c = \frac{Q}{m \cdot \Delta T}$

④ Mittelwert der spezifischen Wärmekapazität des Öls:

$$c = \frac{(1{,}96 + 1{,}57 + 1{,}81 + 1{,}96 + 2{,}18 + 2{,}36 + 2{,}39 + 2{,}42)}{8}$$

$$c = 2{,}08 \frac{kJ}{kg \cdot K}$$

Um 1 Kilogramm Öl um 1 Kelvin zu erwärmen, ist eine Wärme von 2,08 kJ notwendig.

⑤

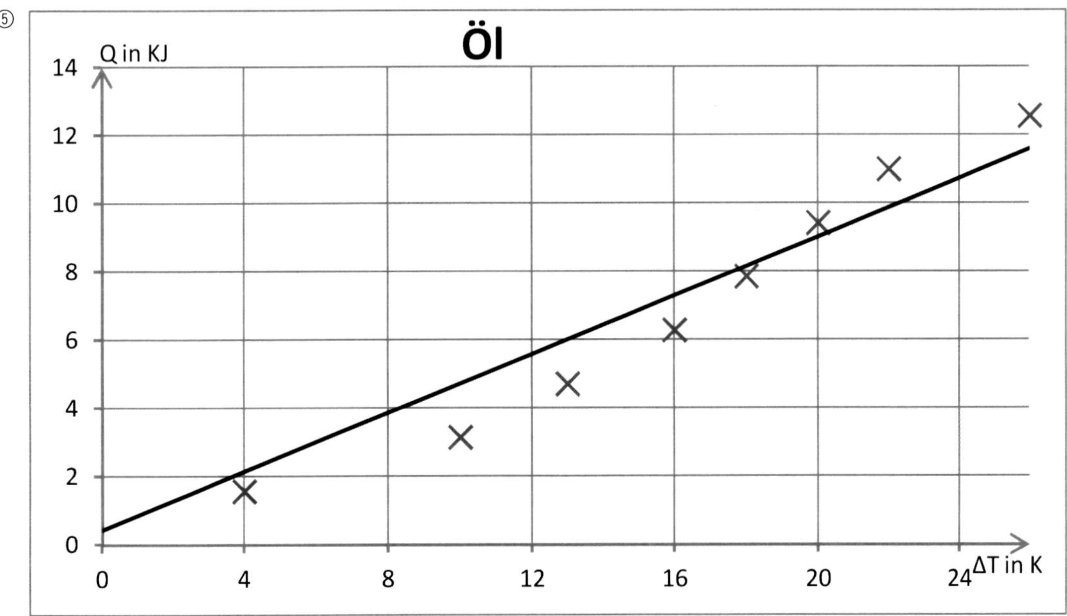

⑥ Im Diagramm ist eine ansteigende Kurve erkennbar. Die Wärme und die Temperaturdifferenz sind zueinander proportional.

⑦ Überprüfung der Proportionalität mit der Quotientengleichheit: $\frac{Q}{\Delta T}$ = konstant

$\frac{1{,}57}{4} = 0{,}393$ $\frac{6{,}28}{16} = 0{,}393$ $\frac{10{,}99}{23} = 0{,}478$

Fehlerbetrachtung:

- Wärmeübertragungen an den Topf, den Rührlöffel und an die Umgebung bleiben unberücksichtigt.
- Heizplatte ist zu hoch eingestellt
- Ablesefehler der Thermometerskala und der Zeit
- Masse des Öls ist ungenau. (Annahme, dass 200 ml Öl 200 g wiegen)
- Bei der Bestimmung der abgegebenen Wärme der Heizplatte entstehen Fehler, die dann in die weiteren Messergebnisse mit einfließen.

Versuch 15 : „Watt" leistet die Sonne? Seite 43

Durchführung und Messwerte

Messwerte:
Durchmesser des Kolbens: d = 6 cm; r = 3 cm
Anfangstemperatur: ϑ_A = 21,1 °C; Endtemperatur: ϑ_E = 24,7 °C; Temperaturdifferenz: ΔT = 3,6 K
Masse des Wassers: m = 0,1 kg; Zeit: t = 10 min = 600 s

Auswertung

① $Q = m \cdot c \cdot \Delta T$; $Q = 0{,}1\ \text{kg} \cdot 4{,}19 \frac{\text{kJ}}{\text{kg} \cdot \text{K}} \cdot 3{,}6\ \text{kg}$; $Q = 1{,}5084\ \text{kJ}$

② $P = \frac{W}{t} = \frac{\Delta E}{t}$; $P = \frac{1{,}5084\ \text{kJ}}{600\ \text{s}}$; $P = 2{,}514\ \text{W}$

③ $A = \pi \cdot r^2$; $A = \pi \cdot 3^2\text{cm}^2$; $A = 28{,}3\ \text{cm}^2 = 0{,}0028\ \text{m}^2$

④ $S = \frac{P}{A}$; $S = \frac{2{,}514\ \text{W}}{0{,}0028\ \text{m}^2}$; $S = 897{,}86\ \frac{\text{W}}{\text{m}^2} = 0{,}898\ \frac{\text{kW}}{\text{m}^2}$

⑤ Die im Experiment ermittelte Größe für die Solarkonstante ist kleiner als der langjährig ermittelte Mittelwert. Auf den niedrigeren Wert im Experiment haben die Atmosphäre und verschiedene Messfehler Einfluss. Der experimentell ermittelte Messwert gibt an, dass die Sonne pro Quadratmeter auf der Erde in jeder Sekunde eine Energie von 898 kJ abgibt.

⑥ Im Experiment möchte man die von der Sonne abgegebene Energie pro Fläche in einer bestimmten Zeit ermitteln. Die schwarzgefärbte Fläche absorbiert die Energie besser als eine helle Fläche, sodass die Genauigkeit des Messwertes erhöht wird.

⑦ *Pro-Argumente*
Fossile Brennstoffe geben an die Umwelt Kohlendioxid ab.
Auf der Erde kommt Silizium sehr häufig vor.
Die Übertragungswege sind bei der Versorgung der Haushalte mit Solarenergie sehr kurz.

Contra-Argumente
Ohne Kohle- und Kernkraftwerke steht zu wenig Energie zur Verfügung.
Für eine kontinuierliche Versorgung mit Solarenergie ist eine effektive Speichertechnologie erforderlich.
Für die Herstellung von Solarzellen wird viel Energie benötigt.
Eigene Meinung: Individuelle Antworten

Fehlerbetrachtung:

- Die schwarz gefärbte Bodenfläche des Kolbens ist nicht vollständig getrocknet.
- Der Kolben ist nicht exakt senkrecht zur Sonne ausgerichtet.
- Im Erlenmeyerkolben befindet sich Luft.
- Wasser- und Umgebungstemperatur stimmen nicht genau überein
- Die Masse des Wassers wird ungenau abgemessen.
- Ablesefehler der Thermometerskala und der Zeit

Versuch 16: Schweben wie im Toten Meer — Seite 45

Auswertung

① In klarem Wasser sank das rohe Ei nach unten. Nach dem Lösen einiger Teelöffel Salz in dem Wasser sank das Ei nicht ganz so schnell nach unten. Fügte man noch einen Teelöffel Salz hinzu, schwamm das Ei an der Oberfläche. Nun wurden dem Salzwasser einige Tropfen klares Wasser hinzugefügt und das Ei schwebte nun in der Mitte des Glases im Salzwasser.

② Durch das Hinzufügen von Salz ins Wasser wurde die Dichte *größer*. Das vom Ei verdrängte Volumen ist *gleich groß*, jedoch hat es nun eine *größere* Masse und *größere* Gewichtskraft. Folglich ist auch die *Auftriebskraft* größer.

③ Der Salzgehalt des Toten Meeres liegt durchschnittlich bei 28 %. Nach dem Archimedischen Prinzip ist die Auftriebskraft aufgrund der hohen Dichte sehr groß und ein Mensch muss sich im Toten Meer nicht bewegen, um an der Oberfläche zu bleiben. Er schwebt ohne Schwimmbewegungen im Wasser.

④ Mit der Größe der Schwimmblase kann der Fisch seine Dichte beeinflussen. Ist die Schwimmblase mit viel Luft gefüllt, so ist das Volumen des Fisches größer, seine Masse jedoch fast gleich groß. Folglich verkleinert sich seine Dichte. Ist die Schwimmblase nur mit wenig Luft gefüllt, verhält es sich genau umgekehrt und die Dichte ist größer. Dieser Dichteunterschied reicht aus, um im Wasser aufzusteigen oder zu sinken.

⑤ aufsteigender Fisch:

Die Schwimmblase ist groß und mit Luft gefüllt, sodass sich die Dichte des Fisches verkleinert und der Fisch aufsteigt. Hinzu kommt, dass der Druck des Wassers sich verringert, der auf die Schwimmblase wirkt, sodass sie sich ausdehnen kann. Verharrt der Fisch in einer Tiefe, kann er dann sogar Luft ablassen.

Sinkender Fisch:

Die Schwimmblase ist klein und mit wenig Luft gefüllt, sodass sich die Dichte des Fisches vergrößert und der Fisch sinkt. Hinzu kommt, dass sich der Druck des Wassers vergrößert, der auf die Schwimmblase wirkt, sodass sie zusammengedrückt wird.

Fehlerbetrachtung:

- Das Ei ist zu alt.
- zu wenig Salz im Gefäß

Versuch 17: Archimedes auf der Spur — Seite 46

Durchführung und Messwerte

2. $F_G = 0{,}8$ N $F_{GWasser} = 0{,}3$ N $F_A = F_G - F_{GWasser} = 0{,}5$ N
5. $F_G = 0{,}8$ N $F_{GWasser} = 0{,}5$ N $F_A = F_G - F_{GWasser} = 0{,}3$ N

Auswertung

① Die Auftriebskraft der Holz-Knete-Krone ist größer als die Auftriebskraft der reinen Knete-Krone. Das ist schon erkennbar, da die Holz-Knete-Krone ein größeres Volumen hat, verdrängt sie auch mehr Wasser und es wirkt eine größere Auftriebskraft.

② Beispielbrief:

Verehrter Herr König,

ich konnte nun das Rätsel um deine Krone lösen. Stell dir vor, die Knete-Krone besteht aus reinem Gold. Die Holz-Knete-Krone besteht dann nicht aus reinem Gold. Du wirst schon sehen, ihr Volumen ist viel größer, die Dichte deshalb kleiner. Lege ich beide Kronen auf eine Balkenwaage, wird ein Gleichgewicht angezeigt, das heißt, ihre Massen sind gleich. Tauche ich nun beide Kronen gleichzeitig in einen Behälter Wasser, gerät die Waage aus dem Gleichgewicht. Die Krone mit dem größeren Volumen verdrängt mehr Wasser und erfährt einen größeren Auftrieb. Tauche ich deine Krone und einen Goldbarren gleicher Masse auf der Balkenwaage in ein Gefäß mit Wasser, erscheint deine Krone leichter. Sie hat folglich ein größeres Volumen als der Goldbarren gleicher Masse und besteht deshalb nicht aus reinem Gold. Der Goldschmied hat dich betrogen.

Dein Archimedes

Fehlerbetrachtung:

- Die Knete schwimmt selbst. (Die Dichte der Knete ist kleiner als die Dichte des Wassers, deshalb schwimmt sie.)
- Die Massen der Krone aus Knete und der Krone aus Knete mit Holz stimmen nicht exakt überein.
- Bei der Bestimmung der Auftriebskräfte sind die Kronen nicht vollständig mit Wasser bedeckt.
- Die Kronen dürfen bei der Bestimmung der Auftriebskraft nicht auf dem Boden aufkommen.
- Ablesefehler an der Skala des Federkraftmessers

Versuch 18 : Wir lassen einen Luftballon fliegen — Seite 47

Auswertung

①

Fön-Position	Vermutung	Beobachtung
Fön senkrecht von oben	Individuelle Antwort	Ballon bleibt auf dem Tisch, vibriert auf der Tischplatte
Fön pustet unter den Ballon	Individuelle Antwort	Ballon bleibt auf dem Tisch, vibriert auf der Tischplatte
Fön pustet über den Ballon	Individuelle Antwort	Ballon steigt auf
Fön pustet im Winkel von 45° über dem Ballon	Individuelle Antwort	Ballon bleibt auf dem Tisch, vibriert auf der Tischplatte

② Wenn der Fön die Luft direkt über den Ballon pustet, steigt er auf.

③

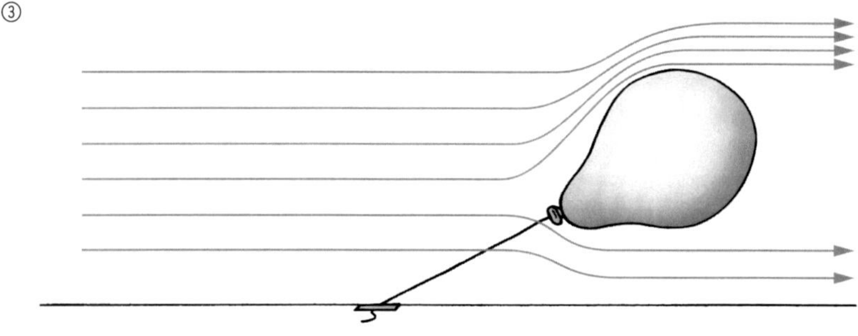

④ Die Strömungsgeschwindigkeit über dem Ballon ist größer als unter dem Ballon, erkennbar auch am kleineren Abstand zwischen den Stromlinien. Je größer die Strömungsgeschwindigkeit, umso kleiner ist der senkrecht dazu wirkende Druck. Deshalb ist der Druck über dem Ballon kleiner als unter dem Ballon und die Auftriebskraft wirkt nach oben. Der Ballon steigt auf.

⑤ Damit sich das Blatt Papier auf den Tisch legt, muss unter ihm ein kleinerer Druck wirken als oben, folglich muss die Strömungsgeschwindigkeit unten größer sein als oben. Ich puste mit dem Strohhalm unter das Blatt Papier.

⑥ Je *größer* die Strömungsgeschwindigkeit, umso *kleiner* ist der senkrecht dazu entstehende Druck. Der Körper bewegt sich in das Gebiet mit dem *kleineren* Druck. Die dahin wirkende Kraft nennt man *Auftriebskraft.*

Fehlerbetrachtung:

- Die Leistung des Föns ist zu gering.

Versuch 19: Farbmischung mit und ohne Pinsel — Seite 49

Durchführung und Messwerte

Beobachtungsergebnisse:

Farbkombination	Beobachtung
Rot – Gün	Gelb
Rot – Blau	Lila, Magenta
Grün – Blau	Cyan, Türkis
Rot – Grün – Blau	Weiß, Grau
viel Rot – Rest Grün und Blau	Rosa

Auswertung

① Grund- und Mischfarben der additiven Farbmischung:

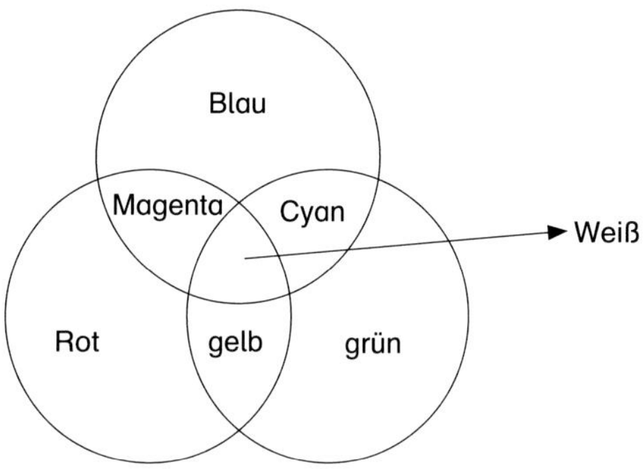

② Die Mischfarben der additiven Farbmischung sind die Grundfarben der subtraktiven Farbmischung. Außer die Mischfarbe aller drei Grundfarben, die bei der additiven Farbmischung weiß ergibt.

③ Grund- und Mischfarben der subtraktiven Farbmischung

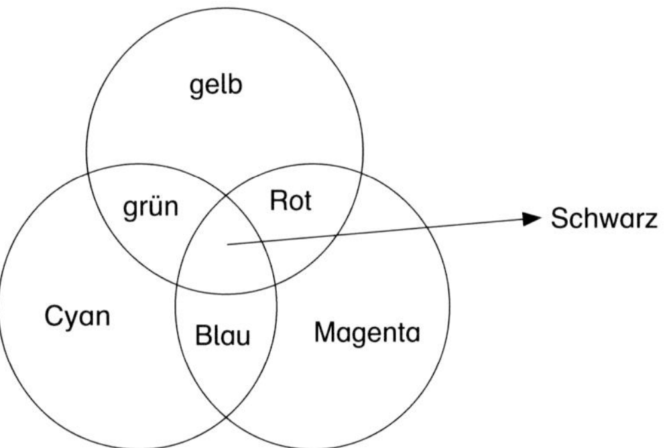

④ Bei der additiven Farbmischung entsteht bei der Mischung aller 3 Grundfarben die Farbe Weiß. Bei der subtraktiven Farbmischung entsteht bei der Mischung aller 3 Grundfarben die Farbe Schwarz.

⑤

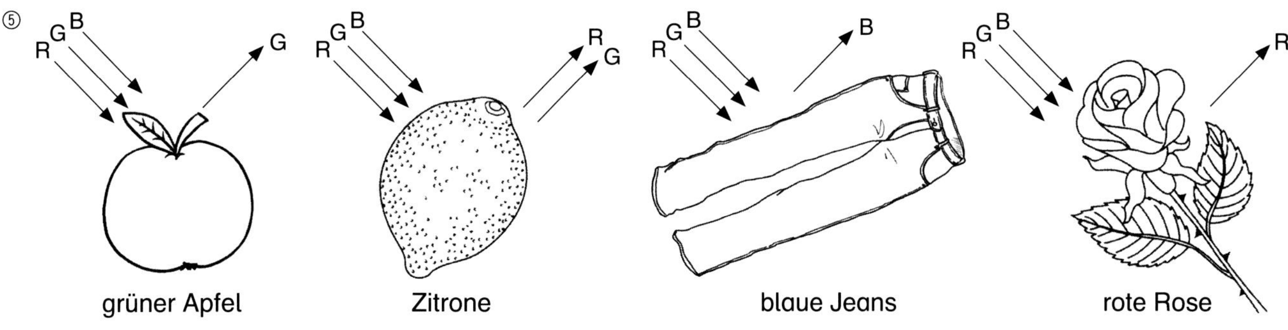

R = Rot G = Grün B = Blau

Fehlerbetrachtung:

- Der Kreisel dreht sich zu langsam.
- Die Farben des Papiers sind ungeeignet.
- Die Farbsegmente sind zu groß.
- Das Licht der Umgebung ist zu dunkel oder durch Lampen zu gelblich.

Versuch 20: Lässt sich das Licht einfangen? Seite 51

Durchführung und Messwerte

Messwerte:

Messung Nr.	Einfallswinkel α	Brechungswinkel β	$\frac{\sin\alpha}{\sin\beta}$
1	0	0	0
2	10°	15°	*0,67*
3	15°	23°	*0,66*
4	20°	31°	*0,66*
5	25°	40°	*0,66*
6	***42°***	**90°**	***0,67***

Beobachtung: Der Lichtstrahl wird an der Grenzfläche beim Übergang von Glas und Luft ab einem Einfallswinkel von ungefähr 42° reflektiert und nicht mehr gebrochen.

Auswertung

① Der Quotient aus $\frac{\sin\alpha}{\sin\beta}$ ist konstant. Er gibt die Brechzahl des Lichtes beim Übergang von Glas in Luft an.

② Geht Licht von Glas in Luft über, so ändert es an der Grenzfläche seine Richtung, es wird gebrochen. Dabei ist der Brechungswinkel immer größer als der Einfallswinkel. Der Lichtstrahl wird vom Lot weg gebrochen.

③ Ist beim Übergang des Lichtes von Glas in Luft der Brechungswinkel 90° groß, so ist der Einfallswinkel gleich *42°* groß. Diesen Winkel nennt man *Grenzwinkel der Totalreflexion.* Wird der Einfallswinkel größer, so wird der Lichtstrahl nicht *gebrochen*, er wird nun *reflektiert.* Diesen Vorgang nennt man *Totalreflexion.* Er tritt nur beim Übergang von optisch *dichterem* Stoff zu optisch *dünneren* Stoff auf.

④ Die Totalreflexion wird bei Glasfaserkabeln, auch Lichtwellenleiter genannt, genutzt. Diese finden unter anderem Anwendung zur Nachrichten- und Datenübertragung, in der Medizintechnik zur Beleuchtung innerer Organe z. B. mit einem Endoskop sowie zu Dekorationszwecken.

Das Einfangen des Lichtes ist hier so zu verstehen, dass Licht in eine bestimmte Richtung gelenkt werden kann. Mit Lichtleitern kann es sogar in eine gekrümmte Bahn geleitet werden.

⑤ Die Kamera war so weit von André entfernt, dass Totalreflexion aufgetreten ist. Das von Andrés Kopf unter Wasser reflektierte Sonnenlicht wurde an der Wasseroberfläche nicht gebrochen, es wurde dort vollständig reflektiert und von der Kamera aufgenommen.

Dieser Effekt wird weniger, wenn sich die Kamera nah bei André befindet und in einem steileren Winkel nach oben fotografiert. Vollständig lässt sich dies nicht vermeiden.

Fehlerbetrachtung:

- Der Glaskörper auf der Winkelscheibe ist verschoben.
- Der Einfallsstrahl trifft links oder rechts neben dem Schnittpunkt von Einfallslot und Grenzfläche auf.
- Die Einteilung der Winkelscheibe ist zu grob.
- Der Raum ist nicht genügend abgedunkelt, sodass von außen einfallendes Licht stört.
- Der Spalt der Lampe erzeugt einen zu breiten Lichtstrahl.
- Der Lichtstrahl, der über dem Glaskörper verläuft, irritiert.

Versuch 21: Rillenabstand einer CD

Seite 53

Durchführung und Messwerte

Mögliche Messwerte: Schirmabstand a = 40 cm = 0,4 m
Abstand Maxima 1. Ordnung 2d = 55 cm = 0,55 m
Rotes Laserlicht 635 nm

Auswertung

① d = 0,275 m

② $\sin \alpha = \tan \alpha$; $\frac{k \cdot \lambda}{g} = \frac{d}{a}$; $g = \frac{k \cdot \lambda \cdot a}{d}$

③ $g = \frac{1 \cdot 635 \text{ nm} \cdot 0{,}4 \text{ m}}{0{,}275 \text{ m}}$; $g = 0{,}000000924 \text{ m} = 0{,}9\ \mu\text{m}$

Fehlerbetrachtung:

- Alle Messungen der Abstände zwischen CD und Laser, zwischen den beiden Maxima, sind ungenau.
- Der Winkel α ist zu groß.
- Wellenlänge des Lasers stimmt nicht mit vorgegebenem Wert überein

Literatur

Erläuterungen zu Versuch 10 S. 17:

Wasser aus der Luft gewinnen. URL: http://www.igb.fraunhofer.de/de/kompetenzen/physikalische-prozesstechnik/waerme/trinkwassergewinnung.html

Erläuterungen zu Versuch 12 S. 17:

Kältemischung. URL: https://www.planet-schule.de/warum_chemie/salz/themenseiten/t9/s1.html

Kühles Wasser im Tonkrug. URL: http://www.wissen.lauftext.de/die-technik/ach_-so-ist-das___/kuhles-wasser-im-tonkrug.html

Lösungen Versuch 16 S. 69: Totes Meer. URL: https://de.wikipedia.org/wiki/Totes_Meer

S. 14, 16, 20: Fotos zu den Erläuterungen © Anke Ganzer

Bildquellen

S. 37: Dampfdrucktop © Damcap. Diese Datei ist unter der Creative-Commons-Lizenz „Namensnennung – Weitergabe unter gleichen Bedingungen 3.0 nicht portiert“ lizenziert. URL: https://commons.wikimedia.org/wiki/File:Autocuiseur-Vite-eco-1926.jpg?uselang=de

S. 52: Junge im Wasser © Anke Ganzer